U0183979

普通高等教育“双一流”课程系列教材　计算机类

Go语言与区块链开发

冯柳平　陈澜祯
袁贵春　卢婷婷　编著

科学出版社

北京

内 容 简 介

本书介绍Go语言和区块链开发。全书共分7章：第1章介绍Go语言的特点和Go语言程序结构；第2章介绍Go语言的基本语法和数据类型；第3章介绍Go语言的流程控制，包括条件分支选择和循环控制，以及用于处理异步I/O操作的select语句；第4章介绍切片、映射、接口、goroutine和通道等复杂数据类型；第5章介绍函数和指针；第6章介绍区块链的基础知识；第7章介绍区块链开发实例，给出了用Go语言实现共识算法和区块链的模拟程序。

本书可作为高等学校计算机科学与技术相关专业的本科教材，也可作为区块链开发人员的参考书。

图书在版编目（CIP）数据

Go语言与区块链开发/冯柳平等编著. —北京：科学出版社，2022.9
ISBN 978-7-03-072985-9

Ⅰ. ①G… Ⅱ. ①冯… Ⅲ. ①程序语言-程序设计-关系-区块链技术 Ⅳ. ①TP312②TP311.135.9

中国版本图书馆CIP数据核字（2022）第154441号

责任编辑：赵丽欣 / 责任校对：王万红
责任印制：吕春珉 / 封面设计：东方人华平面设计部

科学出版社 出版
北京东黄城根北街16号
邮政编码：100717
http://www.sciencep.com
北京中科印刷有限公司 印刷
科学出版社发行　各地新华书店经销
*
2022年9月第 一 版　开本：787×1092 1/16
2022年9月第一次印刷　印张：9 1/4
字数：219 000

定价：57.00元

（如有印装质量问题，我社负责调换〈中科〉）
销售部电话 010-62136230　编辑部电话 010-62138978

前　言

Go 语言是 Google 公司于 2009 年发布的一种编译型的编程语言，广泛应用于互联网开发领域。Go 语言的语法接近 C 语言，并增加了对切片、并发、通道、接口、垃圾回收等特性的支持。Go 语言特性简洁，容易上手，而且功能强大，常常被用在去中心化系统，如区块链系统的开发中。

本书详细介绍了 Go 语言的基本内容，以及区块链的基础知识，在此基础上介绍了用 Go 语言搭建区块链、实现共识算法的开发实例。本书对 Go 语言的介绍通俗易懂、深入浅出，具有初级计算机知识的读者都能读懂。读者可通过本书掌握 Go 语言程序设计方法，并了解如何用 Go 语言进行区块链开发。目前，Go 语言编程结合区块链开发实例的著作并不多，本书可作为高等学校计算机科学与技术相关专业的本科教材，也可作为区块链开发人员的参考书。

本书由冯柳平负责制定全书大纲，编写了第 4、6、7 章，并对全书进行统稿、修改和定稿；陈澜祯编写了第 1、5 章；袁贵春编写了第 2 章，并对第 1、2、5、7 章程序进行了编写、调试和运行；卢婷婷编写了 3 章，并对第 3、4、6、7 章程序进行了编写、调试和运行。北京联合大学王育坚教授、北京邮电大学刘辰副教授对本书提出了宝贵意见，在此表示诚挚的感谢。

在本书的编写过程中，参考了国内外有关 Go 语言程序设计和区块链技术的众多资料和书籍，在此对所有文献被本书引用的作者们表示诚挚的感谢，所列参考文献如有遗漏，请多包涵。

本书得到了北京印刷学院校级项目（项目编号：Ed202002）的资助。

由于编者水平有限，区块链的相关技术也在不断发展，书中不妥乃至错误之处，敬请读者不吝指正。

目　　录

第 1 章　Go 语言概述……1
1.1　Go 语言的发展……2
1.2　Go 语言的特点……5
1.3　Go 语言的结构……6
1.3.1　一个简单的 Go 语言程序……6
1.3.2　Go 项目结构……8
1.4　内置函数和系统标准库……8
1.4.1　内置函数……8
1.4.2　系统标准库……9
1.4.3　fmt 包……9
1.4.4　os 包……14
1.4.5　io 包……15
1.4.6　math 包……17
1.5　Go 语言的集成开发环境……19
1.5.1　Go 语言安装配置……19
1.5.2　LiteIDE 安装配置……21
1.5.3　Go 程序的开发……22
1.5.4　LiteIDE 断点调试 Debug……24
1.5.5　LiteIDE 的快捷键……26
第 2 章　Go 语言基本语法……28
2.1　变量和常量……29
2.1.1　标识符……29
2.1.2　变量声明……29
2.1.3　变量的作用域……31
2.1.4　常量声明……34
2.2　数据类型……34
2.2.1　整型……35
2.2.2　浮点型……35
2.2.3　复数型……36
2.2.4　字符串类型……36
2.2.5　布尔类型……38
2.3　运算符与表达式……38
2.3.1　内置运算符……38
2.3.2　运算符优先级……45

第 3 章 Go 语言流程控制……47
3.1 选择结构……48
3.1.1 if 条件语句……48
3.1.2 switch 语句……51
3.1.3 select 语句……55
3.2 for 循环结构……55
3.2.1 for 语句的典型形式……55
3.2.2 for 语句的简单形式……56
3.2.3 无限循环形式……56
3.2.4 多重循环……57
3.3 跳转控制语句……57
3.3.1 break 语句……57
3.3.2 continue 语句……59
3.3.3 goto 语句……61
第 4 章 复杂的数据类型……64
4.1 数组……65
4.1.1 数组的声明……65
4.1.2 数组元素的访问……65
4.2 切片……67
4.2.1 切片的声明……67
4.2.2 切片的使用……68
4.3 结构体……70
4.3.1 结构体的声明……70
4.3.2 结构体的使用……71
4.4 映射……72
4.4.1 映射的声明……72
4.4.2 映射的使用……72
4.5 接口……74
4.5.1 接口的声明……74
4.5.2 接口的使用……75
4.6 通道……76
4.6.1 goroutine……76
4.6.2 通道通信……78
第 5 章 函数与指针……82
5.1 函数的基本概念……83
5.1.1 函数声明……83
5.1.2 函数调用……83
5.1.3 初始化函数……84
5.2 函数的参数传递……85

5.2.1　值传递 …… 85
5.2.2　引用传递 …… 86
5.2.3　参数的作用域 …… 88
5.3　其他函数形式 …… 90
5.3.1　递归函数 …… 90
5.3.2　匿名函数 …… 91
5.3.3　变参函数 …… 93
5.3.4　多返回值 …… 94
5.4　指针 …… 94
5.4.1　指针的概念 …… 94
5.4.2　空指针 …… 96
5.4.3　指向指针的指针 …… 97
5.5　内存管理 …… 98
第6章　Go语言与区块链 …… 100
6.1　区块链的基础知识 …… 101
6.1.1　区块链的发展 …… 101
6.1.2　区块链的分类 …… 102
6.1.3　比特币挖矿过程 …… 103
6.1.4　共识算法 …… 104
6.1.5　智能合约 …… 105
6.2　区块链的数据结构 …… 106
6.2.1　区块链结构 …… 106
6.2.2　区块链标识符 …… 108
6.2.3　区块链的数据结构 …… 108
6.3　哈希函数与Merkle树 …… 109
6.3.1　区块链中的哈希函数 …… 109
6.3.2　哈希函数的计算 …… 109
6.3.3　Merkle树 …… 110
第7章　区块链开发实例 …… 116
7.1　PBFT共识算法 …… 117
7.1.1　PBFT共识算法的基本理论 …… 117
7.1.2　准备工作 …… 119
7.1.3　PBFT共识算法的Go语言实现 …… 120
7.1.4　主函数 …… 122
7.2　PoS共识算法 …… 125
7.2.1　PoS共识算法的基本理论 …… 125
7.2.2　准备工作 …… 126
7.2.3　PoS算法的实现 …… 127
7.2.4　主函数 …… 128

7.3 PoW 共识算法……129
7.3.1 PoW 共识算法的基本原理……129
7.3.2 准备工作……131
7.3.3 PoW 算法的实现……133
7.3.4 主函数的定义……136
参考文献……138

第1章 Go语言概述

Go语言是继C/C++之后用于大型应用系统开发的语言之一。Go语言继承了C语言的表达式语法、控制流程结构、基础数据类型等很多思想，被称为21世纪新时代的C语言。

Go语言兼具Python等动态语言的开发速度和C/C++等编译型语言的性能及安全性，是一种静态的、编译型的语言。与C/C++语言相比，Go语言简化了代码风格，优化了内置函数的封装、垃圾回收和各种类库。

1.1 Go 语言的发展

Go 语言是 Google 公司开发的一种静态编译型的开源编程语言，并由 Google 公司技术团队负责维护。Go 语言起源于 2007 年，最初由 Google 公司的 Robert Griesemer、Ken Thompson 和 Rob Pike 设计。图 1-1 是一封 Rob Pike 在 2007 年回复给 Robert Griesemer、Ken Thompson 的关于编程语言讨论的邮件，其中表达的主要意思是给编程语言取名为“Go”；工具类可以命名为 goc、gol、goa；交互式的调试工具也可以直接命名为“Go”；语言文件扩展名为 .go 等，这就是 Go 名字的最早来源。

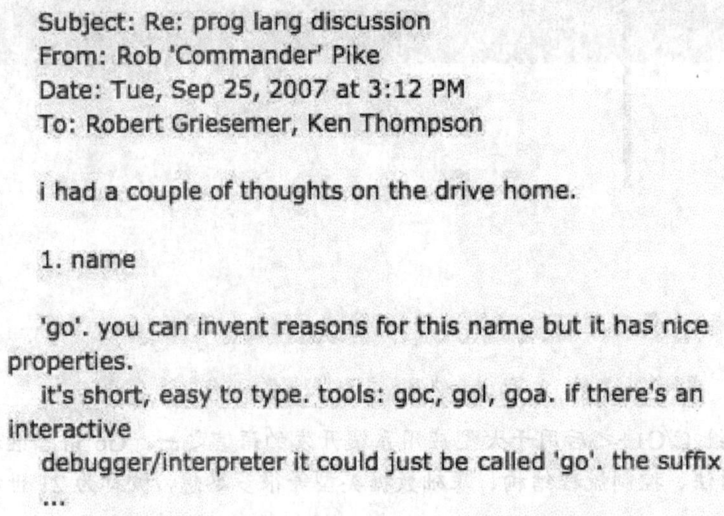

Subject: Re: prog lang discussion
From: Rob 'Commander' Pike
Date: Tue, Sep 25, 2007 at 3:12 PM
To: Robert Griesemer, Ken Thompson

i had a couple of thoughts on the drive home.

1. name

'go'. you can invent reasons for this name but it has nice properties.
it's short, easy to type. tools: goc, gol, goa. if there's an interactive
debugger/interpreter it could just be called 'go'. the suffix is .go
...

图 1-1 Rob Pike 给 Robert Griesemer、Ken Thompson 的回信

而后 Rober Griesemer、Ken Thompson、Rob Pike 三个人在 Google 公司进行研发，直到 2009 年 11 月 10 日正式对外发布 Go 语言源代码。Go 语言项目团队将这个日子作为其官方生日。源代码最初托管在 http://code.google.com 上，之后几年逐步迁移到世界上最大的开源网站 GitHub 上。

Go 语言逐渐获得了开发者们的青睐。2011 年 Google App Engine 对 Go 语言提供支持。Go 语言克服了传统语言在并发处理方面的不足，并结合大数据和人工智能技术，广泛应用于区块链和多学科结合的交叉场景，以太坊、IBM 的 fabric 等重量级的区块链项目都是基于 Go 语言开发的。

图 1-2 给出了 Go 语言的基因图谱。这是 Go 语言核心团队成员 Alan A. A. Donovan 和 Brian W. Kernighan 在其合作编写的 Go 语言经典教材 *The Go Programming Language* 中给出的，可以从中看到有哪些编程语言对 Go 语言产生了影响。

Go 语言有时也被称为“类 C 语言”“21 世纪的 C 语言”。Go 语言确实是从 C 语言继承了相似的表达式语法、控制流结构、基础数据类型、调用参数传值、指针等诸多编程思想。虽然 Go 语言的代码风格类似于 C 语言，但是 Go 语言的语法和 C 语言的语法

有着很多差异。例如，Go 语言舍弃了一行代码以“；”结束的规定；最重要的是 Go 语言舍弃了 C 语言中灵活但是危险的指针运算；而且，Go 语言还重新设计了 C 语言中部分运算符不太合理的优先级，并在很多细微的地方做了必要的改变。

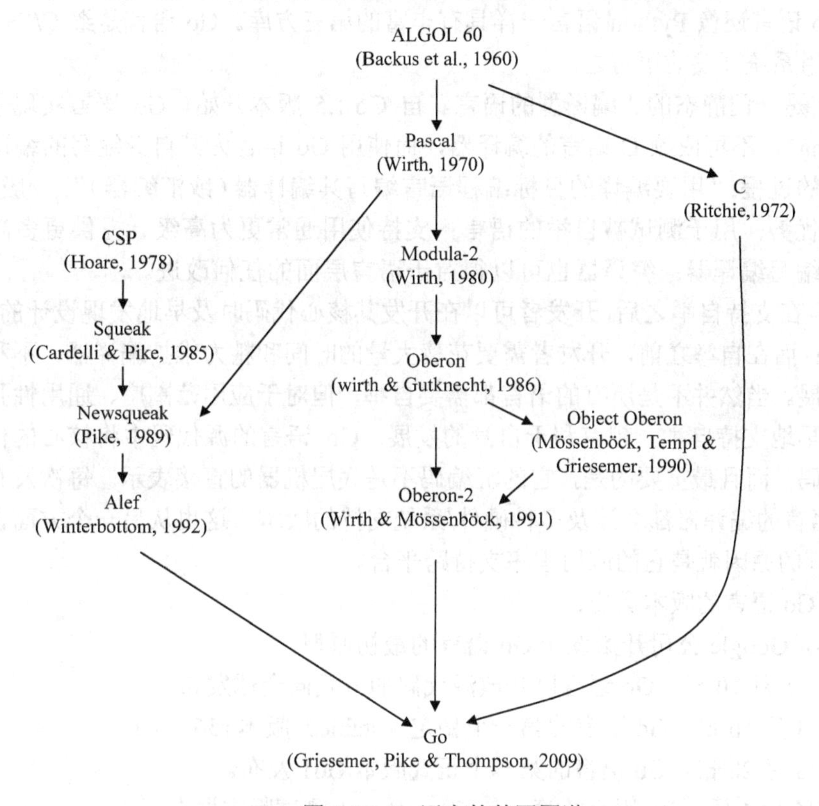

图 1-2 Go 语言的基因图谱

从图 1-2 可以看出，Go 语言的并发特性是由 CSP（communication sequential process，通信顺序进程）理论演化而来的。CSP 理论是由贝尔实验室的 C.A.R.Hoare 于 1978 年为解决并发现象而提出的代数理论，是一个专为描述并发系统中通过消息交换进行交互通信实体行为而设计的一种抽象语言，其后 CSP 并发模型在 Squeak/NewSqueak 和 Alef 等编程语言中逐步完善并走向实际应用。Go 语言借用 CSP 模型的一些概念为之实现并发进行理论支持。

再来看看 Go 语言中面向对象和包特性的演化历程。从图 1-2 可以看出，Go 语言中包和接口以及面向对象等特性继承自 Niklaus Wirth 所设计的 Pascal 语言以及其后所衍生的相关编程语言。其中包的概念、包的导入和声明等语法主要来自 Modula-2 编程语言，面向对象特性所提供的方法的声明语法则来自 Oberon 编程语言。最终 Go 语言演化出了自己特有的支持面向对象模型的隐式接口等诸多特性。

Go 语言的一些特性零散地来自其他编程语言。比如，iota 语法借鉴于 APL 语言，词法作用域与嵌套函数等特性来自 Scheme 语言。Go 语言中也有很多自己发明创新的设计，比如 Go 语言的切片为轻量级动态数组提供了有效的随机存取的性能，这可能会让人联想到链表的底层的共享机制。

与其他传统语言（如 C/C++、Java、C#等）相比，Go 语言丰富的内置类库实现了大量的接口函数，极大地简化了开发者的工作，开发者只需调用相应的类库即可实现相关的功能。由于 Go 是编译型语言，与其他解释型语言（如 Python）相比，运行效率更高，同时 Go 语言还像 Python 语言一样具有丰富的第三方库。Go 语言是继 C/C++之后用于大型应用系统开发的语言之一。

Go 语言是一门静态的、编译型的语言。自 Go 1.5 版本开始，Go 语言实现了自举（bootstrapping），不再依赖 C 语言的编译器，而使用 Go 语言为其自身编写的编译器。自举是这样的过程："用要编译的目标编程语言编写其编译器（或汇编器）"。一般而言，自举有如下优势：用于测试被自举的语言；支持使用通常更为高级、提供更多高级抽象的语言来编写编译器；编译器也可以得益于语言层面的任何改进。

Go 语言在支持自举之后，开发者可以在开发其核心代码时及早地发现设计的缺陷，并及时解决；而在自举之前，开发者需要花费大量的时间和精力维护编译器，不利于语言本身的发展。当然并不是所有的语言都需要自举，但对于应用范围广、通用性强的语言来说，越早地支持自举，越有利于自身的发展。Go 语言的源代码中将核心的代码编译成了汇编码，而且最重要的是，它的汇编码不是底层机器的直接表示。每次发布新版本时，Go 语言的编译器都会涉及多种硬件/系统支持的版本。这也从另一个方面说明了 Go 语言流行的原因就是它的应用程序支持跨平台。

下面是 Go 语言的版本历史：

2007 年，Google 公司开始设计 Go 语言的最初原型。

2009 年 11 月 10 日，Go 语言以开放源代码的方式向全球发布。

2011 年 3 月 16 日，Go 语言的第一个稳定（stable）版本 r56 发布。

2012 年 3 月 28 日，Go 语言的第一个正式版本 Go1 发布。

2013 年 4 月 4 日，Go 语言的第一个 Go 1.1beta1 测试版本发布。

2013 年 4 月 8 日，Go 语言的第二个 Go 1.1beta2 测试版本发布。

2013 年 5 月 2 日，Go 语言 Go 1.1RC1 版本发布。

2013 年 5 月 7 日，Go 语言 Go 1.1RC2 版本发布。

2013 年 5 月 9 日，Go 语言 Go 1.1RC3 版本发布。

2013 年 5 月 13 日，Go 语言 Go 1.1 正式版本发布。

2013 年 9 月 20 日，Go 语言 Go 1.2RC1 版本发布。

2013 年 12 月 1 日，Go 语言 Go 1.2 正式版本发布。

2014 年 6 月 18 日，Go 语言 Go 1.3 版本发布。

2014 年 12 月 10 日，Go 语言 Go 1.4 版本发布。

2015 年 8 月 19 日，Go 语言 Go 1.5 版本发布，本次更新中删除了最后残余的 C 代码。

2016 年 2 月 17 日，Go 语言 Go 1.6 版本发布。

2016 年 8 月 15 日，Go 语言 Go 1.7 版本发布。

2017 年 2 月 17 日，Go 语言 Go 1.8 版本发布。

2017 年 8 月 24 日，Go 语言 Go 1.9 版本发布。

2018 年 2 月 16 日，Go 语言 Go 1.10 版本发布。

1.2 Go语言的特点

1. 并发性

Go语言最吸引人的地方是它内建的并发支持。Go语言并发体系的理论是C.A. R · Hoare于1978年提出的通信顺序进程（CSP）。CSP有着精确的数学模型，并实际应用在了Hoare参与设计的T9000通用计算机上。从Newsqueak、Alef、Limbo到现在的Go语言，对于对CSP有着20多年实战经验的Rob Pike来说，他更关注的是将CSP应用在通用编程语言上产生的潜力。作为Go并发编程核心的CSP理论的核心概念只有一个：同步通信。

并发指在同一时间内可以执行多个任务。在并发编程中，对共享资源的正确访问需要精确地控制，在目前的绝大多数语言中，都是通过加锁等线程同步方案来解决这一困难问题的。Go语言却另辟蹊径，它将共享的值通过通道传递，而使得程序更简洁。Go语言将其并发编程哲学化为一句口号："Do not communicate by sharing memory; instead, share memory by communicating."，翻译过来意思就是"不要通过共享内存来通信，而应通过通信来共享内存。"

2. 垃圾回收

内存管理是程序员开发应用的一大难题。传统的编程语言（如C/C++）中，程序员必须对内存进行管理操作，控制内存的申请及释放。C和C++因为没有垃圾回收机制，所以运行起来速度很快，但是容易造成资源浪费和程序崩溃。为了解决这个问题，Java、Python等编程语言都引入了自动内存管理，程序员只需关注内存的申请而不必关心内存的释放，内存释放由虚拟机（virtual machine）或运行时（runtime）自动进行管理。这种对不再使用的内存资源进行自动回收的操作称为垃圾回收。Go语言自带垃圾回收机制（garbage collection，GC），从而使程序员不需要再考虑内存的回收。GC通过独立的进程执行，搜索不再使用的变量，并将其释放。但是，GC在运行时会占用机器资源。

Go 1.3以前版本，垃圾回收算法比较简单，性能也不太理想，Go程序在进行垃圾回收时会发生明显的卡顿现象。从Go 1.3版本开始，开发团队对垃圾回收性能进行持续的改进和优化，Go 1.5版本对垃圾回收进行了比较大的改进，其主要目标是减少延迟。

3. 标准库

在Go语言的安装文件里包含了一些可以直接使用的包，即标准库。Go语言的标准库，提供了清晰的构建模块和公共接口，包含I/O操作、文本处理、图像、密码学、网络和分布式应用程序等，并支持许多标准化的文件格式和编解码协议。Go语言的编译器也是标准库的一部分，通过词法器扫描源码，使用语法树获得源码逻辑分支等。

Go语言的标准库功能完善稳定，在不借助第三方扩展的情况下，就能完成部分基础功能的开发。同时，标准库具备升级和修复的保障，能够从运行时获得深层次优化的方便。

1.3 Go 语言的结构

1.3.1 一个简单的 Go 语言程序

Go 语言程序由以下部分组成：包声明、引入包、函数、变量和表达式、语句、注释。先从“Hello, World!”这个简单的例子来说明 Go 语言的程序结构。

【例 1-1】在屏幕上显示 Hello, World!。

```
package main
import "fmt"
func main() {
   /* 显示字符串 Hello World! */
   fmt.Println("Hello, World!")
} // Hello World
```

把例 1-1 程序保存在“helloworld.go”文件中。例 1-1 程序包括以下内容。

1. 包的声明

Go 语言用“包”来组织代码。所有的 Go 语言程序都会组织成若干组文件，每组文件称为一个包。这样每个包的代码都可以作为很小的复用单元，被其他项目引用。

所有的.go 文件，除了空行和注释，都应该在第一行声明自己所属的包。每个包都在一个单独的目录里，不能把多个包放在同一目录中，也不能把同一个包的文件分拆到多个不同目录中。这意味着，同一个目录下的所有.go 文件必须声明同一个包名。

包由关键字 package 声明，例如声明一个 main 包：

```
package main
```

package 声明指明了包名。包的命名通常使用包所在目录的名字，这样用户在导入包的时候可以清楚地知道包名。因为导入包的时候使用的是全路径，可以区分同名的包，所以并不要求所有的包名都与别的包不同。一般情况下，包被导入后会使用包名作为默认的名字，但也可以修改。

在 Go 语言中，main 包比较特殊，编译程序会试图把 main 包编译为二进制可执行文件。所有用 Go 语言编译的可执行文件都必须有一个名为 main 的包。当编译器发现 main 包时，会发现名为 main 的函数，否则不会创建可执行文件。main 函数是程序的入口，如果没有 main 函数，程序就无法开始执行。程序编译时，会用声明 main 包代码所在的目录名作为可执行文件名。

如果把例 1-1 的包名改为 main 之外的名字，如 hello，编译器就认为这只是一个包，而不是一个可执行文件，因而例 1-1 就成为一个包含 main 函数的但无效的 Go 程序。

2. 包的导入

使用 import 关键字，可以导入要使用的标准库包或第三方依赖包，例如：

```
import "fmt"
```

fmt 是英文 format 的缩写，顾名思义，fmt 包实现了输入和输出的格式化。import

告诉编译器此源文件需要导入哪些包，Go 语言必须精确地指明所需导入的包，不能少导入，也不能多导入。这点跟C语言不同，C语言可以导入不用的头文件，而Go语言不可以，否则编译无法通过。如果导入了一个不在程序中使用的包，Go编译就会失败，并输出一个错误而不是告警，这个特性可以避免因导入未被使用的包而使得程序臃肿。

编译器会使用Go环境变量设置的路径，通过引入的相对路径来查找磁盘上的包。标准库中的包在Go的安装目录中。一旦编译器找到一个满足import语句的包，就会停止进一步查找。编译器会优先查找Go的安装目录，然后才会查找环境变量里列出的目录。

如果要导入的多个包具有相同的名字，重名的包可以使用命名导入，即在 import 语句中将导入的包命名为新名字。例如：

```
import "fmt"
import  myfmt "mylib/fmt"
```

导入有两种基本格式，即单行导入和多行导入。两种导入方法的导入代码效果是一致的。上例也可写成多行导入的形式：

```
import(
   "fmt"
   myfmt "mylib/fmt"
)
```

3. 程序入口

Go语言的函数都以关键字func开头，后面是函数名，例如：

```
func main(){
   //函数体
}
```

该语句定义了一个 main 函数，后面用{}括起来的是函数体，函数体中可以包含一系列的语句。注意“{”不能单独放在一行，即不能写成：

```
func main()
{
   //函数体
}
```

程序要有一个入口函数，即main函数。main函数是程序开始执行的函数，有且仅有一个，必须在main包中定义，没有入口参数和返回值。

4. 程序语句

例1-1程序只有一条执行语句：

```
fmt.Println("Hello, World!")
```

在这条语句中，Println是fmt包的一个函数，表示打印行。"Hello, World!"表示一个字符串，作为Println函数的参数。这条语句的作用是将字符串"Hello, World!"显示到屏幕上，并在最后自动换行。

有的语句会用到标识符（包括常量、变量、类型、函数名、结构字段等）。若标识符以大写字母开头，如 Good，那么使用这种形式的标识符的对象就可以被外部包的代码所使用，称为导出；标识符如果以小写字母开头，如good，则在包外是不可见的，仅在包内可见且可用。

5. 注释

注释不会被编译执行，但每一个包都应该有相关注释，以增加程序的可读性。

Go 语言的注释有两种方式：//表示单行注释，/*...*/ 表示多行注释。单行注释是最常见的注释形式，可以在任何地方使用以 // 开头的单行注释。多行注释也叫块注释，均以 /* 开头，并以 */ 结尾。如：

```
/* 显示字符串 Hello World! */
```

1.3.2 Go 项目结构

在实际开发中除了一个 main 包，还有其他的包，可能会有多个.go 文件，不同级别大小的项目中包和文件数量是不同的。Go 语言中组织单元最大的为项目，项目下包含包，一个包可以有多个文件。

包是 Go 语言管理代码的重要机制，类似于 C 语言的头文件。包在物理层面上就是文件夹，同一个文件夹中多个文件的包名必须相同，一般包和所在文件夹名称相同。

一个 Go 语言项目的目录一般包含三个子目录。

1. src 目录

src 目录放置项目和库的源文件。在 src 目录下以包的形式存放 Go 源文件，且存放的包与 src 目录下的每个子目录相对应。

2. pkg 目录

pkg 目录放置编译后生成的包/库的归档文件，归档文件以“.a”为扩展名。

3. bin 目录

bin 目录放置编译后生成的可执行文件，在 Windows 操作系统下，这个可执行文件名是源文件名加.exe 扩展名。

1.4 内置函数和系统标准库

1.4.1 内置函数

Go 语言的设计者为了编程方便提供了一些函数，这些函数不需要导入就可以直接使用，称为内置函数（表 1-1）。

表 1-1 Go 语言的主要内置函数

函数名称	函数功能说明
close	用于在管道通信中关闭一个管道
len、cap	len 用于返回某个类型的长度或数量，如字符串、数组、切片、映射和通道；cap 用于返回某个类型的最大容量，只能用于切片和映射

续表

函数名称	函数功能说明
new、make	new 和 make 均用于分配内存，new 用于值类型和用户自定义类型，如自定义结构；make 用于内置引用类型，如切片、映射和通道
copy、append	copy 用于切片的复制；append 用于在切片中动态添加元素
panic、recover	两者均用于错误处理机制
print、println	底层打印函数，在部署环境中建议使用 fmt 包
complex、real、imag	用于复数类型的创建和操作

1.4.2 系统标准库

Go 语言的系统标准库以包的方式提供支持，在安装 Go 语言时大多会自动安装到系统中，可以使用这些包中的函数，如 fmt、os、io、math 等。表 1-2 列出了 Go 语言系统标准库中常用的包及其功能。

表 1-2 Go 语言系统标准库中常用的包及其功能

包名称	功能
bufio	带缓冲的 I/O 操作
bytes	实现字节操作
container	封装堆、列表和环形列表等容器
crypto	加密算法
database	数据库驱动和接口
debug	各种调试文件格式访问及调试功能
encoding	常见算法，如 JSON、XML、Base64 等
flag	命令行解析
fmt	格式化操作
go	Go 语言的词法、语法树、类型等。可通过这个包进行代码信息提取和修改
html	HTML 转义及模板系统
image	常见图形格式的访问及生成
io	实现 I/O 原始访问接口及访问封装
math	数学库
net	网络库，支持 Socket、HTTP、邮件、RPC、SMTP 等
os	不依赖平台的操作系统函数
path	兼容各操作系统的路径操作实用函数
plugin	Go 1.7 版本加入的插件系统。支持将代码编译为插件，按需加载
reflect	语言反射支持。可以动态获得代码中的类型信息，获取和修改变量的值
regexp	正则表达式封装
runtime	运行时接口
sort	排序接口
strings	字符串转换、解析及实用函数
time	时间接口
text	文本模板及 Token 词法器

1.4.3 fmt 包

fmt 包含有格式化 I/O 函数，类似于 C 语言的 printf 和 scanf。Go 语言的格式字符串的规则来源于 C 语言，但比 C 语言更简单一些。fmt 包的方法可以大致分为两类：Scan 和 Print，分别在 scan.go 和 print.go 文件中。Scan 将参数写入字符串或 io.writer，而 Print 从字符串或 io.Reader 读取指定数据，并输出。

1. 占位符

占位符，顾名思义，就是先占住一个固定的位置，然后再往里面添加内容。占位符在高级程序设计语言的输入/输出函数中使用，起到格式占位的作用，表示在该位置有输入或输出。下列程序先定义一个 Students 的结构类型，然后声明 Students 类型的变量 student：

```
type Students struct {
        name string
}
var student Students{name:"李明"}
```

关于结构体的详细定义，请查阅第 2 章。

在 Go 语言中用 printf 语句，可以看到占位符的作用，如表 1-3～表 1-8 所示。

表 1-3　普通占位符

占位符	说明	举例	输出
%v	相应值的默认格式	Printf("%v", student)	{李明}
%+v	打印结构体时，会添加字段名	Printf("%+v", student)	{name:李明}
%#v	相应值的 Go 语法表示	Printf("#v", student)	main.Students{name:"李明"}
%T	相应值的类型的 Go 语法表示	Printf("%T", student)	main.Students
%%	字面上的百分号，并非值的占位符	Printf("%%")	%

表 1-4　布尔占位符

占位符	说明	举例	输出
%t	true 或 false	Printf("%t", true)	true

表 1-5　整数占位符

占位符	说明	举例	输出
%b	二进制表示	Printf("%b", 5)	101
%c	相应 Unicode 码点所表示的字符	Printf("%c", 0x4E2D)	中
%d	十进制表示	Printf("%d", 0x12)	18
%o	八进制表示	Printf("%d", 10)	12
%q	单引号围绕的字符字面值，由 Go 语法安全地转义	Printf("%q", 0x4E2D)	'中'
%x	十六进制表示，字母形式为小写 a～f	Printf("%x", 13)	d
%X	十六进制表示，字母形式为大写 A～F	Printf("%x", 13)	D
%U	Unicode 格式：U+1234，等同于 "U+%04X"	Printf("%U", 0x4E2D)	U+4E2D

表 1-6　浮点数和复数占位符

占位符	说明	举例	输出
%b	无小数部分的，指数为 2 的幂的科学记数法	与 strconv.FormatFloat 的'b'转换格式一致	-123456p-78
%e	科学记数法	Printf("%e", 10.2)	1.020000e+01
%E	科学记数法	Printf("%E", 10.2)	1.020000E+01
%f	有小数点而无指数	Printf("%f", 10.2)	10.200000
%g	根据情况选择%e 或%f	Printf("%g", 10.20)	10.2
%G	根据情况选择%E 或%f	Printf("%G", 10.20+2i)	(10.2+2i)

表 1-7　字符串和字节切片占位符

占位符	说明	举例	输出
%s	输出字符串表示（string 类型或[]byte)	Printf("%s", []byte("Go 语言"))	Go 语言
%q	双引号围绕的字符串	Printf("%q", "Go 语言")	"Go 语言"
%x	十六进制，小写字母，每字节两个字符	Printf("%x", "golang")	676f6c616e67
%X	十六进制，大写字母，每字节两个字符	Printf("%X", "golang")	676F6C616E67

表 1-8　指针占位符

占位符	说明	举例	输出
%p	十六进制表示，前缀 0x	Printf("%p", &people)0x4f57f0	0x4f57f0

2. 输出语句

在 print.go 文件中定义了如下函数：

```
func Printf(format string, a ...interface{}) (n int, err error)
func Fprintf(w io.Writer, format string, a ...interface{}) (n int, err error)
func Sprintf(format string, a ...interface{}) string

func Print(a ...interface{}) (n int, err error)
func Fprint(w io.Writer, a ...interface{}) (n int, err error)
func Sprint(a ...interface{}) string

func Println(a ...interface{}) (n int, err error)
func Fprintln(w io.Writer, a ...interface{}) (n int, err error)
func Sprintln(a ...interface{}) string
```

（1）如果把“Print”理解为核心关键字，“Print”的后缀有“f”和“ln”，“f”指定格式，而“ln”表示有换行符。

Println、FPrintln、SPrintln：输出内容时会加上换行符。

Print、FPrint、SPrint：输出内容时不加上换行符。

Printf、FPrintf、SPrintf：按照指定格式化文本输出内容。

（2）如果把“Print”理解为核心关键字，“Print”的前缀有“F”和“S”，“F”指定了 io.Writer，而“S”是输出到字符串。

Print、Printf、Println：输出内容到标准输出 os.Stdout。

FPrint、FPrintf、FPrintln：输出内容到指定的 io.Writer。

SPrint、SPrintf、SPrintln：输出内容到字符串。

【例 1-2】格式化输出。

```
package main
import "fmt"
type Students struct {
    num int       // 学号
    name string   // 姓名
    sex  string   // 性别
    age int       // 年龄
}
func main() {
    student := Students{00001, "李明", "男", 19}
    str := "golang"
    fmt.Printf("%v\n", student)
    fmt.Printf("%+v\n", student)
    fmt.Printf("%#v\n", student)
    fmt.Printf("%T\n", student)
    fmt.Printf("%t\n", true)
    fmt.Printf("%d\n", 123)
    fmt.Printf("%b\n", 456)
    fmt.Printf("%c\n", 89)
    fmt.Printf("%x\n", 456)
    fmt.Printf("%f\n", 19.9)
    fmt.Printf("%e\n", 123400000.0)
    fmt.Printf("%E\n", 123400000.0)
    fmt.Printf("%s\n", str)
    fmt.Printf("%q\n", str)
    fmt.Printf("%x\n", str)
    fmt.Printf("%X\n", str)
}
```

程序运行结果为：

```
{1 李明 男 19}
{num:1 name:李明 sex:男 age:19}
main.Students{num:1, name:"李明", sex:"男", age:19}
main.Students
true
123
111001000
Y
1C8
19.900000
1.234000e+8
1.234000E+8
```

```
golang
"golang"
676f6c616e67
676F6C616E67
```

3. 输入语句

在 scan.go 文件中定义了如下函数：

```
func Scanf(format string, a ...interface{}) (n int, err error)
func Fscanf(r io.Reader, format string, a ...interface{}) (n int, err error)
func Sscanf(str string, format string, a ...interface{}) (n int, err error)

func Scan(a ...interface{}) (n int, err error)
func Fscan(r io.Reader, a ...interface{}) (n int, err error)
func Sscan(str string, a ...interface{}) (n int, err error)

func Scanln(a ...interface{}) (n int, err error)
func Fscanln(r io.Reader, a ...interface{}) (n int, err error)
func Sscanln(str string, a ...interface{}) (n int, err error)
```

（1）如果把“Scan”理解为核心关键字，“Scan”的后缀有“f”和“ln”，“f”指定格式，而“ln”表示有换行符。

Scanln、Fscanln、Sscanln：读取到换行时停止，并要求一次提供一行所有条目。

Scan、Fscan、Sscan：读取内容时不关注换行。

Scanf、Fscanf、Sscanf：根据格式化文本读取。

（2）如果把“Scan”理解为核心关键字，“Scan”的前缀有“F”和“S”，“F”指定了 io.Reader，而“S”是从字符串读取。

Scan、Scanf、Scanln：从标准输入 os.Stdin 读取文本。

Fscan、Fscanf、Fscanln：从指定的 io.Reader 接口读取文本。

Sscan、Sscanf、Sscanln：从一个参数字符串读取文本。

【例 1-3】格式化输入。

```
package main
import "fmt"
func main() {
    var x int
    var s string
    var b bool
    fmt.Scanf("%d %s &b", &x, &s, &b)
    fmt.Println(x, s, b)
    fmt.Scan(&x, &s, &b)
    fmt.Println(x, s, b)
    fmt.Scanln(&x, &s, &b)
    fmt.Println(x, s, b)
}
```

运行程序后，可从终端读取多个相应的变量值，以空格或换行符作为分隔符。

1.4.4 os包

os包提供了不依赖平台的操作系统函数接口，主要是在服务器上进行系统的基本操作，如文件操作、目录操作、执行命令、信号与中断、进程、系统状态等。

在os包中，相关函数设计有较浓重的UNIX风格，例如：

```
funcChdir(dir string)error                    //将当前工作目录更改为dir目录
funcGetwd()(dir string,err error)             //获取当前目录
funcChmod(name string,mode FileMode)error//更改文件的权限
funcChown(name string,uid,gid int)error   //更改文件拥有者
```

但是，在os包中对错误的处理却是Go风格。当使用os包时，失败的调用会返回错误类型而不是错误数量，通常错误类型里包含了更多信息。例如，用Open函数打开文件 file.go：

```
file, err := os.Open("file.go")
if err != nil {
    log.Fatal(err)
}
```

如果打开文件失败，错误字符串是自解释的：

```
open file.go: no such file or directory
```

os 包中的常用函数：

```
//Hostname 函数会返回内核提供的主机名
func Hostname() (name string, err error)
//Environ 函数会返回所有的环境变量，返回值格式为“key=value”的字符串的切片
//拷贝
func Environ() []string
//Getenv 函数会检索并返回名为 key 的环境变量的值。如果不存在该环境变量，则会返
//回空字符串
func Getenv(key string) string
//Setenv 函数可以设置名为 key 的环境变量，如果出错，则会返回该错误。
func Setenv(key, value string) error
//Exit 函数可以让当前程序已给出的状态码 code 退出，状态码 0 表示成功，非 0 表
//示出错
func Exit(code int)
//Getuid 函数可以返回调用者的用户 ID
func Getuid() int
//Getgid 函数可以返回调用者的组 ID
func Getpid() int
//Getwd 函数返回一个对应当前工作目录的根路径。
func Getwd() (dir string, err error)
//Chdir 函数修改当前目录，并返回 nil，如果失败，则返回错误
func Chdir(dir string) error
//Mkdir 函数使用指定权限和名称创建一个目录。若出错，则会返回*PathError 底层
//类型的错误
func Mkdir(name string, perm FileMode) error
//MkdirAll 函数使用指定的权限和名称创建一个目录，并返回 nil，或返回错误
```

```
func MkdirAll(path string, perm FileMode) error
//Remove 函数会删除 name 指定的文件或目录。若出错，则会返回 *PathError 底层
//类型的错误
// RemoveAll 函数跟 Remove 用法一样，区别是会递归删除所有子目录和文件
func Remove(name string) error
```

在 os 包下，有 exec、signal、user 三个子包。os/exec 包可以执行外部命令，它将 os.StartProcess 进行包装，使其更容易映射到标准输入 stdin 和标准输出 stdout，并且利用管道连接 I/O。对信号处理主要使用 os/signal 包中的两个方法：一是用 Notify 方法来监听收到的信号；二是用 stop 方法来取消监听；可以通过 os/user 包中的 Current 函数来获取当前用户信息。

【例 1-4】 os 包的使用。

```
package main
    import (
        "fmt"
        "os"
    )
    func main() {
       path, _ := os.Getwd()
       fmt.Println("修改前的文件目录：",path)
       // 将文件目录修改为 C:\Users\Documents，这是一个存在的目录
       err := os.Chdir("C:\\Users\\Documents")
       if err == nil{
             path, _ := os.Getwd()
             fmt.Println("修改后的文件目录：",path)
       }else {
             fmt.Println("error:",err)
       }

    }
```

程序运行结果为：

```
修改前的文件目录： D:\GoProjects\src\HelloWorld
修改后的文件目录： C:\Users\Documents
```

1.4.5 io 包

在 Go 语言中，输入和输出操作是使用原语实现的，这些原语将数据模拟成可读的或可写的字节流。为此，Go 语言的 io 包提供了 io.Reader 和 io.Writer 接口来完成流式传输数据，分别用于数据的输入和输出，如图 1-3 所示。

图 1-3 输入和输出操作

1. io.Reader

io.Reader 表示一个读取器，它将数据从某个资源读取到传输缓冲区。在缓冲区中，数据可以被流式传输和使用（图 1-3）。io.Reader 接口有一个 Read 方法：

```
type Reader interface {
   Read(p []byte) (n int, err error)
}
```

Read 方法有两个返回值，一个是读取到的字节数，一个是发生错误时的错误信息。

如果数据内容已全部读取完毕，则返回 io.EOF 错误。Reader 方法内部是被循环调用的，每次迭代，它都会从数据源读取一块数据放入字节缓冲区 p 中，直到返回 io.EOF 错误时停止。

【例 1-5】流式数据的读取。

```
package main
import (
   "fmt"
   "io"
   "os"
   "strings"
)
func main() {
   reader := strings.NewReader("I am a student")
   p := make([]byte, 4)
   for {
       n, err := reader.Read(p)
       if err != nil{
           if err == io.EOF {
               fmt.Println("EOF:", n)
               break
           }
           fmt.Println(err)
           os.Exit(1)
       }
       fmt.Println(n, string(p[:n]))
   }
}
```

程序创建了一个字符串读取器，然后流式地按字节读取数据。缓冲区大小设置为 4。程序运行结果为：

```
4 I am
4  a s
4 tude
3 nt
EOF: 0
```

可以看到，最后一次返回的 n 值为 3，小于缓冲区的大小。

2. io.Writer

io.Writer 表示一个写入器，它从字节缓冲区读取数据，并将数据写入目标（图 1-3）。io.Writer 接口有一个 Write 方法。

```
type Writer interface {
    Write(p []byte) (n int, err error)
}
```

Write 方法有两个返回值：一个是写入目标的字节数；另一个是发生错误时的错误信息。

【例 1-6】 流式数据的写入。

```
package main
import (
    "bytes"
    "fmt"
    "os"
)
func main() {
    writerString:= []string{
        "Hello World! ",
        "I am a student."
    }
    var writer bytes.Buffer

    for _, p := range writerString{
        n, err := writer.Write([]byte(p))
        if err != nil {
            fmt.Println(err)
            os.Exit(1)
        }
        if n != len(p) {
            fmt.Println("写入失败")
            os.Exit(1)
        }
    }

    fmt.Println(writer.String())
}
```

程序创建了一个字符串写入器，然后流式地按字节输出打印。程序运行结果为：

```
Hello World! I am a student.
```

1.4.6 math 包

math 包提供了基本的数学常数和数学函数。

1. 数学常数

math包提供了常用的数学常量。

```
E = 2.71828182845904523536028747135266249775724709369995957496696763
Pi  = 3.14159265358979323846264338327950288419716939937510582097494459
Phi = 1.61803398874989484820458683436563811772030917980576286213544862
Sqrt2 = 1.41421356237309504880168872420969807856967187537694807317667974
SqrtE = 1.64872127070012814684865078781416357165377610071014801157507931
SqrtPi  = 1.77245385090551602729816748334114518279754945612238712821380779
SqrtPhi = 1.27201964951406896425242246173749149171560804184009624861664038
Ln2 = 0.693147180559945309417232121458176568075500134360255254120680009
Log2E  = 1 / Ln2
Ln10 = 2.30258509299404568401799145468436420760110148862877297603332790
Log10E = 1 / Ln10
```

math包提供了浮点数的取值极限，Max是该类型所能表示的最大有限值；SmallestNonzero是该类型所能表示的最小非零正数值。

```
MaxFloat32 = 3.40282346638528859811704183484516925440e+38
SmallestNonzeroFloat32 = 1.401298464324817070923729583289916131280e-45
MaxFloat64 = 1.797693134862315708145274237317043567981e+308
SmallestNonzeroFloat64 = 4.940656458412465441765687928682213723651e-324
```

math包提供了整数极限值。

```
MaxInt8 = 1<<7 - 1
MinInt8 = -1 << 7
MaxInt16 = 1<<15 - 1
MinInt16  = -1 << 15
MaxInt32  = 1<<31 - 1
MinInt32  = -1 << 31
MaxInt64  = 1<<63 - 1
MinInt64  = -1 << 63
MaxUint8  = 1<<8 - 1
MaxUint16 = 1<<16 - 1
MaxUint32 = 1<<32 - 1
MaxUint64 = 1<<64 - 1
```

2. 常用函数

math包提供了常用的数学函数，如三角函数、幂次函数、类型转换函数等。

```
//当是数值时返回false，若不是数值，则返回true
func IsNaN(f float64)(is bool)
//返回一个不小于x的最小整数，即向上取整
func Ceil(x float64)float64
//返回一个不大于x的最小整数，即向下取整
func Floor(x float64)float64
//返回x的绝对值
func Abs(x float64) float64
//返回x的y次方
```

```
func Pow(x, y float64) float64
//返回 x 和 y 中的最大值
func Max(x, y float64) float64
//返回 x 和 y 中的最小值
func Min(x, y float64) float64
//取余运算，结果的正负号和 x 相同
func Mod(x, y float64) float64
//返回 x 的二次方根,平方根
func Sqrt(x float64) float64
//返回 x 的正弦值
func Sin(x float64) float64
//返回 x 的余弦值
func Cos(x float64) float64
```

【例 1-7】利用 math 包中的 math.sqrt 函数初始化一个变量。

```
package main
import (
   "fmt"
   "math"
)
func main() {
   //声明函数
   root := func(x float64) float64 {
      return math.Sqrt(x)
   }
   //调用函数
   fmt.Println(root(9))
}
```

例 1-7 程序的运行结果为：

```
3
```

1.5 Go 语言的集成开发环境

Go 语言的运行环境包括相应版本的语法、编译、运行、垃圾回收等，包含着开发 Go 程序所需的标准库、运行时，以及其他的一些必要资源。本书推荐的 Go 语言集成开发环境（IDE）LiteIDE，是一款专为 Go 语言开发而设计的跨平台轻量级集成开发环境。它支持主流的操作系统，如 Windows、Linux、macOS、FreeBSD 等。

1.5.1 Go 语言安装配置

1. Go 语言的安装

读者可从 Golang 官网（https://golang.google.cn/dl/）下载相应平台的安装包。下载完成后单击 msi 文件进行安装，安装成功后，在硬盘的安装目录下可以看到相应的子目录和文件，如图 1-4 所示。

此电脑 > DATA (E:) > Go

名称	修改日期	类型	大小
api	2021/7/22 10:41	文件夹	
bin	2021/7/22 10:41	文件夹	
doc	2021/7/22 10:41	文件夹	
lib	2021/7/22 10:41	文件夹	
misc	2021/7/22 10:41	文件夹	
pkg	2021/7/22 10:41	文件夹	
src	2021/7/22 10:45	文件夹	
test	2021/7/22 10:46	文件夹	
AUTHORS	2021/7/22 10:41	文件	55 KB
CONTRIBUTING.md	2021/7/22 10:41	MD 文件	2 KB
CONTRIBUTORS	2021/7/22 10:41	文件	100 KB
favicon.ico	2021/7/22 10:41	图标	6 KB
LICENSE	2021/7/22 10:41	文件	2 KB
PATENTS	2021/7/22 10:41	文件	2 KB
README.md	2021/7/22 10:41	MD 文件	2 KB

图 1-4　Go 语言的安装目录

2. 环境变量的配置

可以新建一个目录作为工作目录，例如 D:\GoProjects，在该文件夹下新建 bin、pkg、bin 三个子文件夹。右击“我的电脑”，选择“属性”中的“高级系统设置”选项，单击“环境变量”，在“系统变量”列表框中添加 GOROOT、GOPATH、path 的设置（图 1-5）。

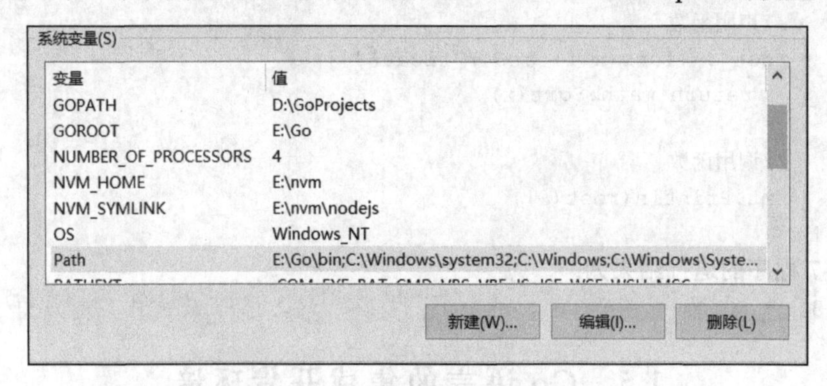

图 1-5　Go 语言环境变量的配置

在 cmd 中输入：go，如果出现图 1-6 所示结果，则说明安装成功。

```
C:\Users\24136>go
Go is a tool for managing Go source code.

Usage:

        go <command> [arguments]

The commands are:

        bug         start a bug report
        build       compile packages and dependencies
        clean       remove object files and cached files
        doc         show documentation for package or symbol
        env         print Go environment information
        fix         update packages to use new APIs
        fmt         gofmt (reformat) package sources
```

图 1-6　Go 语言安装成功

1.5.2　LiteIDE安装配置

1. LiteIDE的安装

读者可通过链接地址（https://sourceforge.net/projects/liteide/postdownload）下载相应平台的安装包。下载完成之后解压，在硬盘的安装目录下可以看到相应的子目录和文件，如图1-7所示。

Program Files (x86) › liteide › bin　　搜索"bin"

名称	修改日期	类型	大小
bearer	2021/7/22 13:14	文件夹	
iconengines	2021/7/22 13:14	文件夹	
imageformats	2021/7/22 13:14	文件夹	
platforms	2021/7/22 13:14	文件夹	
printsupport	2021/7/22 13:14	文件夹	
styles	2021/7/22 13:14	文件夹	
translations	2021/7/22 13:14	文件夹	
dlv.exe	2021/7/22 13:14	应用程序	14,366 KB
gocode.exe	2021/7/22 13:14	应用程序	9,984 KB
gomodifytags.exe	2021/7/22 13:14	应用程序	2,561 KB
gotools.exe	2021/7/22 13:14	应用程序	10,792 KB
libgcc_s_seh-1.dll	2021/7/22 13:14	应用程序扩展	73 KB
libstdc++-6.dll	2021/7/22 13:14	应用程序扩展	1,393 KB
libwinpthread-1.dll	2021/7/22 13:14	应用程序扩展	51 KB
liteapp.dll	2021/7/22 13:14	应用程序扩展	1,397 KB
liteide.exe	2021/7/22 13:14	应用程序	118 KB
liteide_ctrlc_stub.exe	2021/7/22 13:14	应用程序	51 KB
Qt5Core.dll	2021/7/22 13:14	应用程序扩展	8,149 KB
Qt5Gui.dll	2021/7/22 13:14	应用程序扩展	9,614 KB
Qt5Network.dll	2021/7/22 13:14	应用程序扩展	2,527 KB

图1-7　LiteIDE安装成功

2. 环境变量的配置

在安装目录liteide\bin文件夹下单击liteide.exe运行。接着在LiteIDE中进行GOROOT设置，在菜单栏选择“工具”→“编辑当前环境”选项（图1-8）。

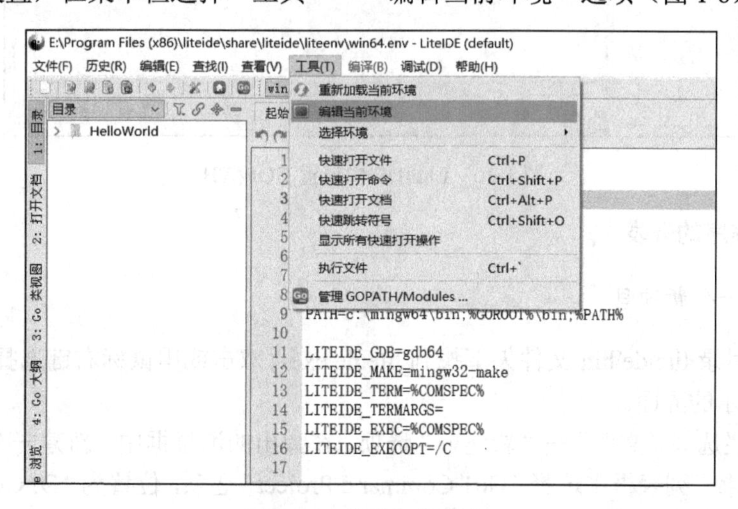

图1-8　编辑当前环境

将默认配置修改为 GOROOT = E:\Go，如图 1-9 所示。

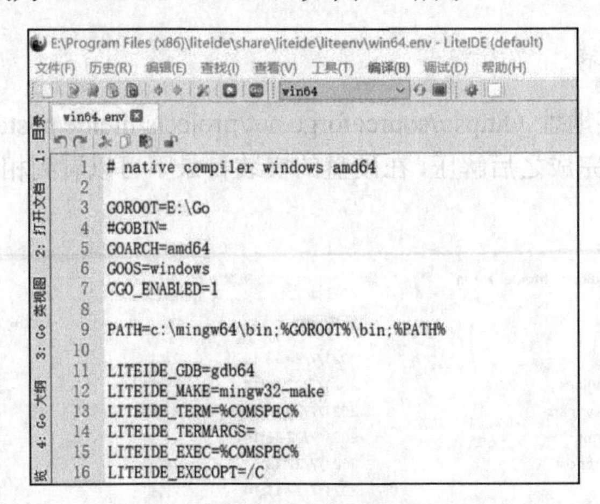

图 1-9　LiteIDE 环境变量配置

然后进行 GOPATH 设置。在菜单栏选择“工具”→“管理 GOPATH/Modules...”选项（图 1-8），勾选“使用系统 GOPATH”复选框，如图 1-10 所示。

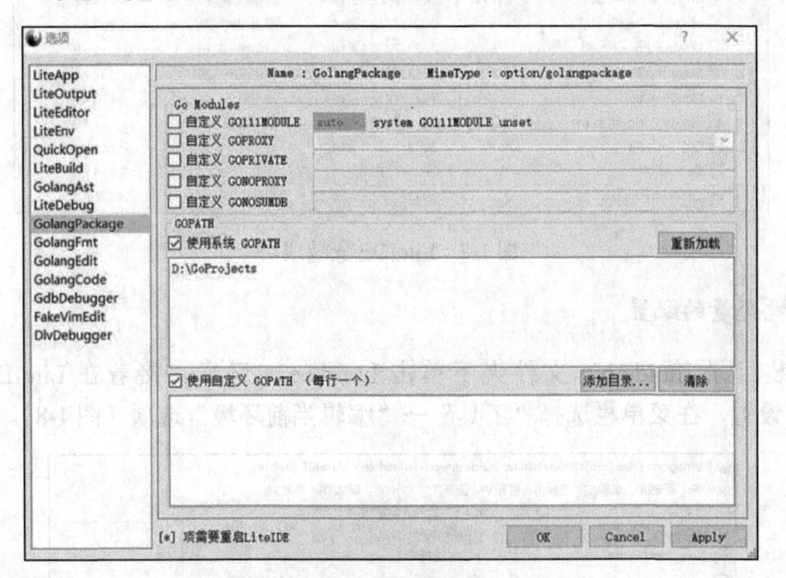

图 1-10　LiteIDE 中设置 GOPATH

1.5.3　Go 程序的开发

1. 创建一个新项目

在安装目录 liteide\bin 文件夹下找到 liteide.exe，双击或用鼠标右键选择打开，弹出如图 1-11 所示的界面。

在菜单栏选择“文件”→“新建…”选项，在弹出的消息框中，新建一个 HelloWord 项目。在“模板”列表框中选择“Go1 Command Project”选项，位置为“D:\GoProjects\src\HelloWorld”，名称为“HelloWorld”，如图 1-12 所示。

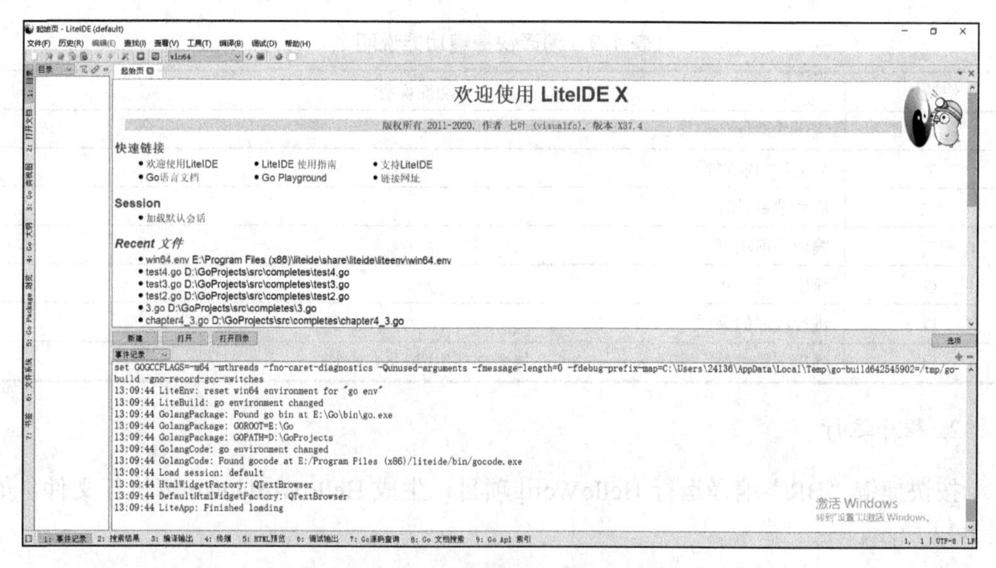

图 1-11　LiteIDE 开发环境主界面

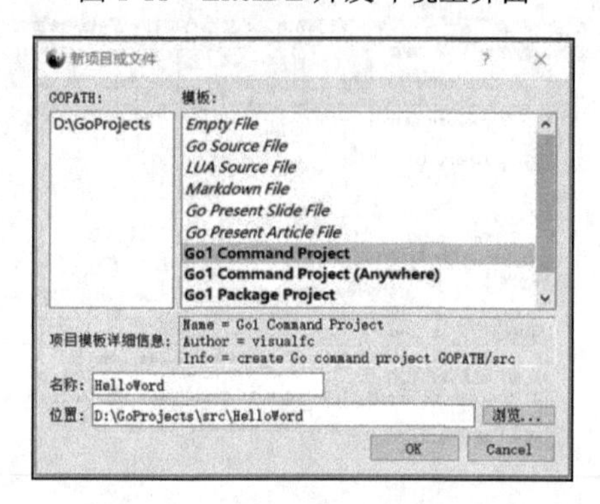

图 1-12　新建 HelloWord 项目

然后单击 OK 按钮，项目成功建立，界面如图 1-13 所示。

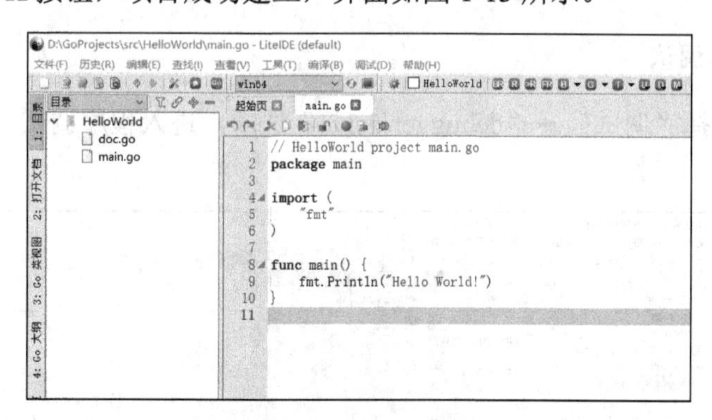

图 1-13　HelloWord 项目新建成功

图 1-13 的界面中，包括标题栏、菜单栏、项目栏、编译调试栏、项目工作区等。图 1-13 的右上角是编译调试栏，蓝色按钮是编译快捷方式。编译快捷键功能说明如表 1-9 所示。

表 1-9 编译快捷键功能说明

快捷键	功能说明
BR	编译并运行当前项目
R	只运行当前项目
>R	启动项目进程
B	编译当前项目
G	获取第三方包
D	进行程序的调试
M	弹出下拉菜单，选择 go module init 将会自动生成.mod 文件

2. 程序运行

按快捷键“BR”编译运行 HelloWord 项目，生成 HelloWorld.exe 可执行文件，如图 1-14 所示。

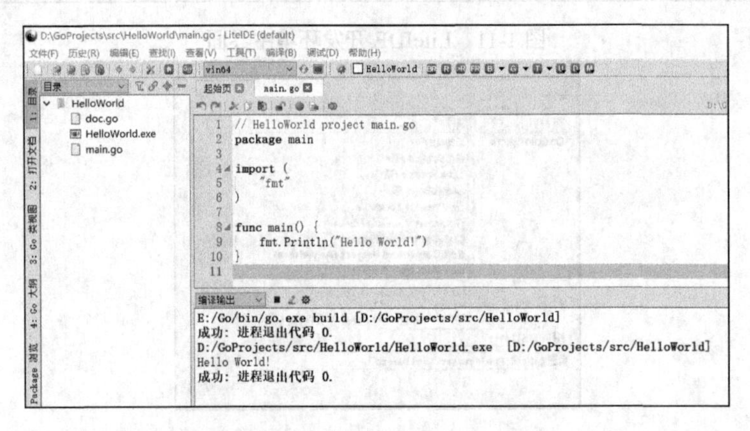

图 1-14 运行 HelloWord 项目

1.5.4 LiteIDE 断点调试 Debug

1. 进入程序调试

在菜单栏选择“调试”→“debugger/delve”选项，进入程序调试，界面如图 1-15 所示。

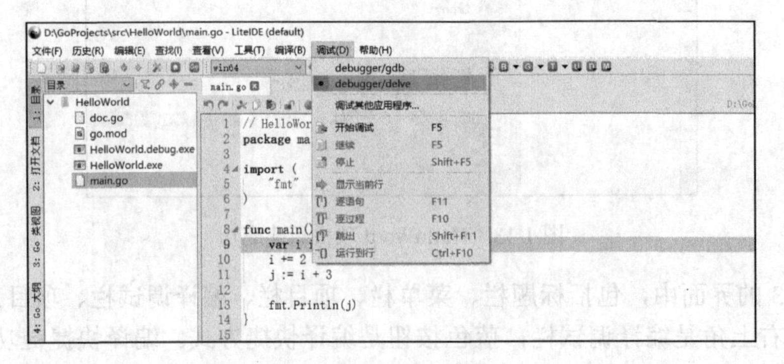

图 1-15 进入程序调试

2. 插入程序断点

在程序中选中代码行，右击，在弹出的快捷菜单中选择“插入/删除断点”选项，可在程序中插入断点，如图 1-16 所示。

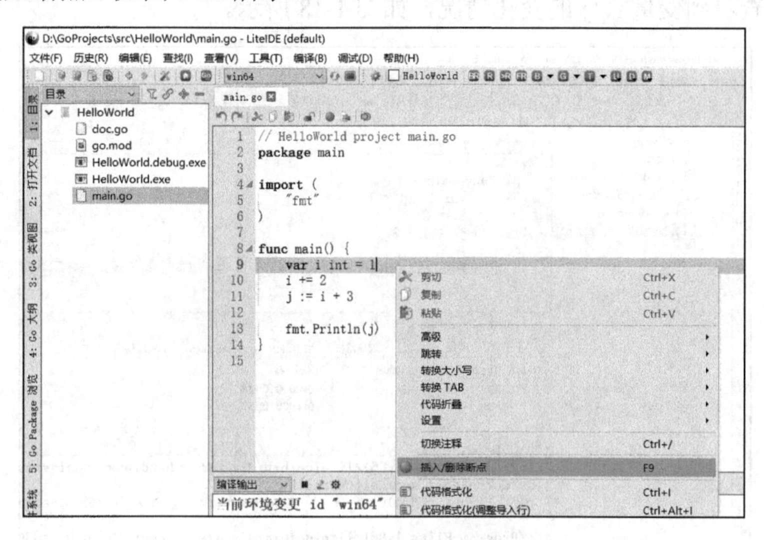

图 1-16 程序中插入断点

3. 开始调试程序

在图 1-15 所示的菜单栏选择“调试”→“开始调试”选项，即可开始调试程序，程序会运行到所设置的断点处，如图 1-17 所示。

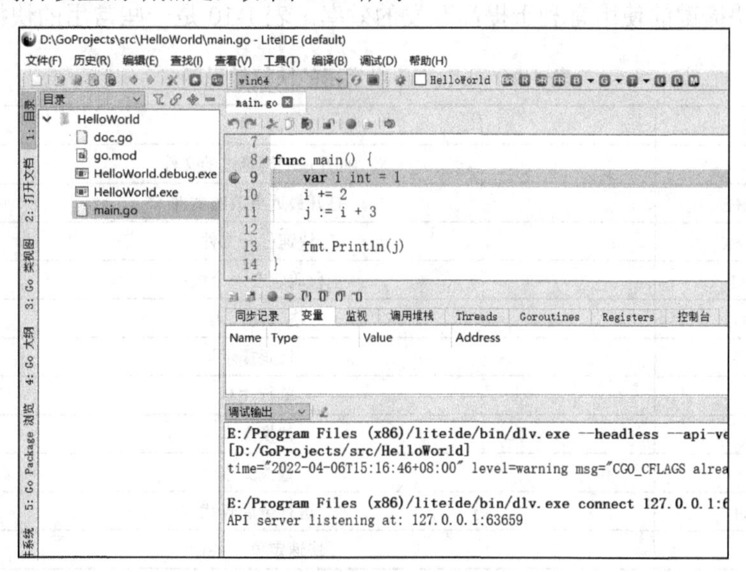

图 1-17 开始程序调试

4. 单步调试程序

可对程序进行单步调试。单步调试有逐语句和逐过程两种方式。逐语句就是当执行到某个函数时，调试窗口会进入这个函数逐条语句执行；逐过程则是当执行到某个函数时，不进入这个函数，而是直接执行完这个函数。

在图 1-15 所示的菜单栏选择“调试”→“逐过程”选项，单步执行完程序，可在调试窗口中查看到变量 i、j 的变化情况，如图 1-18 所示。

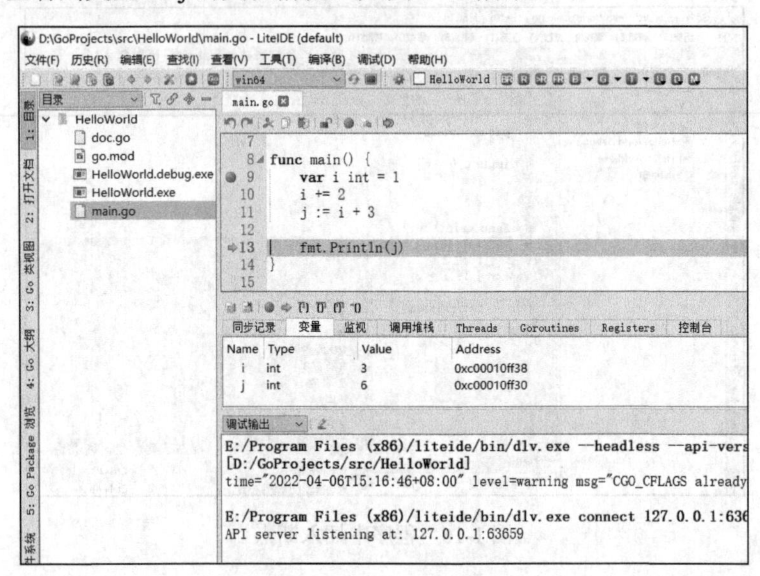

图 1-18 程序调试中变量的变化情况

1.5.5 LiteIDE 的快捷键

编辑器快捷键的使用有利于提高开发的效率。表 1-10 是一些常用的快捷键。

表 1-10 LiteIDE 中常用的快捷键说明

快捷键	说明
Ctrl+E	打开最近浏览过的文件
Ctrl+Shift+E	打开最近更改的文件
Ctrl+Shift+N	快速打开文件
Ctrl+Alt+T	把代码包在一个块内
Ctrl+Alt+L	格式化代码
Ctrl+空格	代码提示
Ctrl+/	单行注释
Ctrl+R	替换文本
Ctrl+F	查找文本
Ctrl+Shift+F	进行全局查找
Ctrl+G	快速定位到某行
Alt+Q	查看当前方法的声明
Ctrl+Backspace	按单词进行删除
Shift+Enter	向下插入新行，即使光标在当前行的中间
Ctrl+X	删除当前光标所在行

续表

快捷键	说明
Ctrl+D	复制并粘贴当前光标所在行
Alt+Shift+UP/DOWN	将光标所在行的代码上下移动
Ctrl+Shift+U	将选中内容进行大小写转换

其他的快捷键以及更详细的说明，请参考官方文档。

第 2 章 Go 语言基本语法

Go 语言是一种编译型语言，有很多特性与 C 语言相似。

Go 语言有丰富的数据类型，除了基本的整型、浮点型、布尔型、字符串型外，还有数组、切片、结构体、函数、映射、通道等。本章主要介绍 Go 语言的基本数据类型，其他复杂的数据类型将在第 3 章介绍。

本章还介绍 Go 语言的基本语法，包括变量和常量、运算符与表达式等。

2.1　变量和常量

2.1.1　标识符

Go 语言的常量、变量、函数、类型、语句标签和包的命名，即标识符，都要遵循一定的规则，其命名规则如下：

（1）标识符的开头必须是字母或下画线，不能以数字开头。

（2）标识符必须由数字、字母和下画线组成。

（3）标识符是区分大小写的，例如 name 和 Name 是不同的标识符。

（4）标识符不能是保留字和关键字。

标识符的长度没有限制，但是 Go 语言倾向于使用短标识符。

关键字是被 Go 语言赋予了特殊含义的单词，也称为保留字。Go 语言有 25 个关键字：

break	case	chan	const	continue
default	defer	else	fallthrough	for
func	go	goto	if	import
interface	map	package	range	return
select	struct	switch	type	var

另外，Go 语言还有 30 多个内置的预声明的常量、类型和函数。

常量：	iota	false	nil	true		
类型：	int	int8	int16	int64		
	uint	uint8	uint16	uint32	uint64	uintptr
	complex64	complex128	float32	float64		
	bool	byte	error	rune	string	
函数：	append	cap	copy	len	make	new
	close	complex	delete	img	panic	real
	recover					

这些标识符不是预留的，可以在声明中使用，但对标识符的重声明，会有发生冲突的风险。

2.1.2　变量声明

程序的变量是指一个包含部分已知或未知的数值或信息的内存地址，以及它对应的符号名称。变量的本质是计算机分配的一块内存，用于存放指定数据，在程序运行过程中该数据可以发生变化。当程序运行结束时，存放该数据的内存就会被释放，定义的变量就会随着内存的释放而消失。Go 语言是一种静态类型的语言，变量必须有明确的类型，编译器会对变量的正确性进行检查。

在 Go 语言中，变量的声明一般有三种形式：标准格式、批量声明、简式声明。

1. 标准格式

在Go语言中，可以使用关键字“var”对不同类型的变量进行声明，格式如下：

```
var VariableName VariableType = exp
```

其中，VariableName为变量名，VariableType为变量类型，exp为表达式，声明变量行末尾无须添加分号。

【例2-1】变量声明。

```
package main
import "fmt"
func main(){
   var i int
   var x float^64 float64
   var f bool
   var s string
   fmt.Println("i=", i, "x=", x, "f=", f, "s=", s)
}
```

所有变量在Go语言中都要进行初始化，如果在变量声明中对变量没有初始化，则系统自动赋予它该类型的零值，int为0，float64为0，bool为false，string为空字符串等。在例2-1中，i的初始值为0，x的初始值为0，bool的初始值为false，s的初始值为空字符串。

2. 批量声明

有时在程序中需要一次性声明多个变量，Go 语言提供了这样的语法，当声明的变量比较多时，可以采用批量声明。

【例2-2】变量的批量声明。

```
package main
import "fmt"
func main(){
  var(
    i int
    x float64
    f bool
    s string
  )
  fmt.Println("i=", i, "x=", x, "f=", f, "s=", s)
}
```

程序中用var批量声明了4个变量i、x、f和s。

变量的批量声明也可以采用以下方式：

```
var a,b,c int
var num, name, age = 1001, "Zhang", 20
num, name, age: = 1001, "Zhang", 20
```

3. 简式声明

除 var 关键字外，在 Go 语言中还可使用简式的变量声明和初始化。简式声明是具有初始化表达式的常规变量声明的简写，但是它没有写明具体的变量类型，而是根据使用的环境系统自动赋予它所具备的类型。变量简式声明的语法格式如下：

```
VariableName := exp
```

其中，VariableName 为变量名，exp 为表达式。

【例 2-3】变量的简式声明。

```
package main
import "fmt"
func main() {
   var str string = "Beijing Institute of Graphic Institute"
   fmt.Println(str)
   x, y:= 1, 2
   fmt.Println(x, y)
   }
```

程序中用 var 定义了一个字符串变量 str，并赋初始值 "Beijing Institute of Graphic Institute"；但用简式模式声明了 2 个变量：x 和 y，并分别赋初始值 1 和 2。

使用 := 赋值操作符可以高效创建一个新的变量，声明语句省略了 var 关键字，变量类型由编译器自动推断。因为简洁和灵活的特点，变量的简式声明被广泛用于局部变量的声明和初始化。var 形式的声明语句往往用于需要显式指定变量类型的地方，或者用于因为变量稍后会被重新赋值而初始值无关紧要的地方。

但是，变量的简式声明有一些限制：

（1）在声明变量时，必须用显式格式对变量进行初始化。

（2）简式声明不能提供数据类型，变量名必须是没有定义过的变量，否则将发生编译错误。

（3）采用简式声明的变量只能用在函数内，而不能用于全局变量的声明与赋值。

另外，在同一个作用域中，Go 语言不允许对一个变量声明两次；定义一个变量，如果不对其进行操作，在编译时 Go 编译器会提醒并要求将其删除。Go 编译器可以防止变量的冗余，以免影响程序运行。

2.1.3 变量的作用域

通常，一段程序代码中所用到的标识符并不是在整个程序中都有效可用，而是限定这个标识符的可用范围即作用域。作用域为已声明标识符所表示的常量、类型、变量、函数或包在源代码中的作用范围。

变量的作用域是指变量的有效范围，与变量定义的位置密切相关。按照作用域的不同，Go 语言的变量可分为局部变量和全局变量。

1. 全局变量

在函数体外声明的变量称为全局变量。全局变量只需要在一个源文件中定义，就可以在所有源文件中使用。但是，全局变量声明必须以 var 关键字开头，而且在不包含这个全局变量的源文件使用，需要用“import”关键字引入全局变量所在的源文件。

【例 2-4】全局变量的声明。

```
package main
import "fmt"
var globe int        //声明全局变量 globe
func main() {
   var x, y int
   x= 4
   y= 1
   globe = x+ y
   fmt.Printf("globe = %d, x= %d, y= %d\n", globe, x, y)
}
```

例 2-4 程序在 main 函数体外声明了一个全局变量 globe，它可以在 main 函数体内使用。程序的运行结果为：

```
globe = 5, x= 4, y= 1
```

【例 2-5】全局变量的使用。

把 a、b、c 定义为全局变量：

```
package main
import "fmt"
   //声明全局变量
   var a, b, c int
func main() {
   //全局变量初始化和赋值
   a = 10
   b = 20
   c = a + b
   fmt.Printf("main 函数运行结果：a = %d, b = %d, c = %d\n", a, b, c)
   //调用 gobalvar()函数
   gobalvar()
}
func gobalvar() {
   fmt.Printf("gobalvar 函数运行结果：a = %d, b = %d, c = %d\n", a, b, c)
}
```

程序的运行结果为：

```
main 函数运行结果：a = 10, b = 20, c = 30
gobalvar 函数运行结果：a = 10, b = 20, c = 30
```

全局变量可以在任何函数中使用，比如例 2-5 中声明的全局变量 a、b、c 可以在 main 函数中使用，也可以在 gobalvar 函数中使用。

2. 局部变量

在函数体内声明的变量称为局部变量。局部变量的作用域只在函数体内，函数的参数和返回值变量都属于局部变量。局部变量不是一直存在的，它只在定义它的函数被调用后存在，函数调用结束后这个局部变量就会被销毁。

【例 2-6】局部变量的声明。

```
package main
import "fmt"
func main() {
    //声明局部变量 local1 和 local2 并赋值
    var local1 int = 4
    var local2 int = 1
    //声明局部变量 local3 并计算 local1 和 local2 的和
    var local3 = local1 + local2
    fmt.Printf("local1 = %d, local2 = %d, local3 = %d\n", local1, local2,
local3)
}
```

程序在 main 函数内声明了 3 个局部变量 local1、local2 和 local3，它们只能在 main 函数内使用，而不能在其他函数中使用。程序的运行结果为：

```
local1= 4, local2 = 1, local3 = 5
```

【例 2-7】局部变量的使用。

```
package main
import "fmt"
func main() {
    //声明局部变量
    var a, b, c int
    //局部变量初始化和赋值
    a = 10
    b = 20
    c = a + b
    fmt.Printf("main 函数运行结果：a = %d, b = %d, c = %d\n", a, b, c)
    //调用 localvar()函数
    localvar()
}
func localvar() {
    //声明局部变量
    var a, b, c int
    //局部变量初始化和赋值
    a = 30
    b = 40
    c = a + b
    fmt.Printf("localvar 函数运行结果：a = %d, b = %d, c = %d\n", a, b, c)
}
```

例 2-7 程序在 main 函数中定义变量 a、b、c 是局部变量，其作用域只在 main 函数中，而在 main 函数之外将不起作用。同样，localvar 函数中定义变量 a、b、c 也是局部变量，其作用域只在 localvar 函数中。因此程序运行结果为：

```
main 函数运行结果：a = 10, b = 20, c = 30
localvar 函数运行结果：a = 30, b = 40, c = 70
```

2.1.4 常量声明

常量用于存储不会改变的数据。常量是在编译时被创建的，即使常量声明在函数内部也是如此，并且只能是布尔型、数字型和字符串型。由于编译时的限制，定义常量表达式必须为能被编译器求值的常量表达式。

1. 显式声明

在 Go 语言中，使用关键字 const 显式声明常量。常量声明和变量声明类似：

```
const ConstantName[ConstantType] = exp
```

其中，ConstantName 为常量名，ConstantType 为常量类型，exp 为表达式。例如：

```
const PI float= 3.1415926
```

2. 隐式声明

Go 语言的常量声明可以限定常量类型，但不是必需的。在常量声明中，可以省略常量类型 type。如果常量声明没有指定常量类型 type，编译器可以根据常量的值来推断其类型。因此，PI 的常量声明也可以采用隐式声明：

```
const PI = 3.1415926
```

常量的值必须是在编译时就能确定的，可以在表达式 exp 中涉及计算过程，但是所有用于计算的值必须在编译期间就能获得。例如：

```
const c1 = 2+3/4
```

但是，下面的常量声明将引发错误，因为 getNumber() 不能用作常量值：

```
const c2 = getNumber()
```

所有常量的运算都可以在编译时完成，这样不仅可以减少运行时的工作，也方便其他代码的编译优化。当操作数是常量时，一些运行时的错误也可以在编译时被发现，如整数除零、字符串索引越界、任何导致无效浮点数的操作等。

常量之间的所有算术运算、逻辑运算和比较运算的结果也是常量，对常量的类型转换操作或以下函数调用都是返回常量结果：len、cap、real、imag、complex 和 unsafe.Sizeof。

3. 批量声明

和变量声明一样，可以批量声明多个常量，例如：

```
const (
  e = 2.7182818
  PI = 3.1415926
)
```

2.2 数据类型

Go 语言的数据类型有 4 大类：基本类型、复合类型、引用类型和接口类型。

Go 语言的基本数据类型包括数字、字符串和布尔类型，数字类型又分为整型、浮点型和复数型。

2.2.1 整型

Go 语言同时提供了有符号和无符号的整数类型，其中包括 int8、int16、int32 和 int64 4 种大小截然不同的有符号整数类型，分别对应 8、16、32、64 位大小的有符号整数类型；与此对应的是 uint8、uint16、uint32 和 uint64 4 种无符号整数类型。

此外还有两种整数类型，分别是 int 和 uint，对应特定 CPU 平台的字长，其中 int 表示有符号整数，应用最为广泛；uint 表示无符号整数。实际开发中由于编译器和计算机硬件的不同，int 和 uint 所能表示的整数大小为 32 位或 64 位。

大多数情况下，只需要 int 一种整型即可，它可以用于循环计数器、数组和切片的索引，以及任何通用目的的整型运算符，通常 int 类型的处理速度也是最快的。

用来表示 Unicode 字符的 rune 类型和 int32 类型是等价的，通常用于表示一个 Unicode 码点。这两个名称可以互换使用。同样，byte 和 uint8 也是等价类型，byte 类型一般用于强调数值是一个原始数据而非量值。

还有一种无符号整数类型 uintptr，它没有指定具体大小但是足以容纳指针。uintptr 类型只有在底层编程时才需要，特别是 Go 语言和 C 语言函数库或操作系统接口界面。

表 2-1 给出了每种整数类型的取值范围和描述。

表 2-1 Go 语言整数类型的取值范围和描述

数据类型	取值范围	描述
int8	-128～127	有符号
int16	-32768～32767	有符号
int32	-2147483648～2147483647	有符号
int64	-9223372036854775808 ～9223372036854775808	有符号
uint8	0～255	无符号
uint16	0～65535	无符号
uint32	0～4294967295	无符号
uint64	0～18446744073709551615	无符号
int	32 位或 64 位，取决于系统	有符号
uint	32 位或 64 位，取决于系统	无符号
uintptr	取决于系统	存放指针

2.2.2 浮点型

Go 语言提供了两种精度的浮点数类型，分别是 float32 和 float64。它们的算术规范由 IEEE 754 浮点数国际标准定义。这些浮点类型的取值范围可以从很微小到很巨大。浮点数取值范围的极限值可以在 math 包中找到：

（1）常量 math.MaxFloat32 表示 float32 的最大值，大约是 3.4e38。

（2）常量 math.MaxFloat64 表示 float64 的最大值，大约是 1.8e308。

（3）float32 的最小值为 1.4e-45。

（4）float64 的最小值为 4.9e-324。

一个 float32 类型的浮点数可以提供约 6 位十进制数的精度，而 float64 则可以提供约 15 位十进制数的精度。通常应该优先使用 float64 类型，因为 float32 类型的累计误差很容易扩散，并且 float32 能精确表示的正整数范围有限。

2.2.3 复数型

Go 语言中的复数型有两种，分别是 complex64 和 complex128，两者分别由 float32 和 float64 构成，其中 complex128 为复数的默认类型。复数的值由三部分组成：RE+IMi，其中 RE 是实部，IM 是虚部，RE 和 IM 均为浮点型，而最后的 i 是虚数单位。

内置的 complex 函数根据给定的实部和虚部创建复数，而内置的 real 函数和 imag 函数则分别提取复数的实部和虚部。

【例 2-8】复数。

```
package main
import "fmt"
func main() {
    //声明复数变量 x，其值为 1+2i
    var x complex128 = complex (1, 2)
    //声明复数变量 y，其值为 3+4i
    var y complex128 = complex (3, 4)
    fmt.Println(x*y)
    fmt.Println(real(x*y))
    fmt.Println(imag(x*y))
}
```

程序的运行结果为：

```
(-5+10i)
-5
10
```

如果在浮点数或十进制数后面紧接着写字母 i，如 2.78i 或 8i，它就变成了一个实部为 0 的虚数。

2.2.4 字符串类型

字符串在 Go 语言中是以基本数据类型 string 出现的，字符串的使用和其他基本数据类型 int、float32 等一样。字符串可以包含任意的数据，但是通常包含可读的文本。字符串形式上是带双引号的字节序列，例如：

```
var str string                  //声明字符串变量 str
str= "Hello, World"             //给字符串变量 str 赋值
```

因为字符串用双引号来实现，有些字符是非显式字符，只能用转义字符来表示。常用转义字符如表 2-2 所示。

表 2-2 常用转义字符

转义字符	含义
\r	回车符号，返回行首

续表

转义字符	含义
\n	换行符号，跳到下一行的同一位置
\f	换页符
\t	制表符
\v	垂直制表符
\b	退格符
\'	单引号
\"	双引号
\\	反斜杆
\a	警告或响铃

在 Go 语言中，将字符串的值以双引号括起来是常见的表达方式，称为字符串字面量(string literal)。这种双引号字面量不能跨行，如果需要在程序中使用一个多行字符串，就要使用反引号“`”字符，反引号之间的换行将被作为字符串中的换行，但是所有的转义字符均无效，文本将会原样输出。例如：

```
const str = `line1
line2
line3
\r\n
`
fmt.Println(str)
```

两个反引号之间的字符串将被原样赋值到变量 str 中，转义字符\r\n 无效。程序运行结果为：

```
line1
line2
line3
\r\n
```

字符串中的每个元素叫作“字符”，在遍历或者单个获取字符串元素时可得到字符。Go 语言的字符有两种：byte 类型和 rune 类型，如表 2-3 所示。

表 2-3　字符类型

类型	说明
byte	又称 uint8 型，代表 ASCII 的一个字符
rune	又称 int32 型，表示单个 Unicode 字符

ASCII 用 7 位表示 128 个字符：大小写英文字母、数字、各种标点符号和设备控制符。而 Unicode 几乎囊括了世界上所有语言的全部字符以及控制符，在 Go 语言中，把它们称为文字符号 rune。使用 fmt.Printf 中的“%T”可以输出字符变量的实际类型：

```
var char1 byte = 'y'
fmt.Printf("%d, %T\n", char1, char1)
var char2 rune = '你'
fmt.Printf("%d, %T\n", char2, char2)
```

则可以得到输出：

```
121，uint8
20320，int32
```

Go 语言有 4 个对字符串操作的标准包：byte、strings、strconv 和 unicode。byte 包提供了用于搜索、替换、比较、修整、切分与连接字符串的函数；strings 包也有类似的函数，用于操作字节 slice；strconv 包的函数主要用于字符串与其他数据类型的转换；unicode 包有判别文字符号值特性的函数。

2.2.5 布尔类型

布尔类型用 bool 类型声明。bool 类型的值只有两种：true （真）或 false（假）。if 和 for 语句的条件部分都是布尔值，并且“==”和“<”等比较运算也会产生布尔值。

一元运算符（!）表示取反，因此!true 为 false。布尔值还可以和 &&（与）、||（或）操作符结合，但是，如果运算符左边的值已经可以确定整个布尔表达式的值，那么运算符右边的值将不再被求值。

在 Go 语言中，布尔值不会隐式转换为数字值 0 或 1，反之亦然，因此布尔类型无法参与数值运算。另外，不允许将整型强制转换为布尔型，否则将会报错。

2.3 运算符与表达式

运算符用于在程序运行时执行数学或逻辑运算；表达式是使用运算符将数据（变量、常量、函数返回值）连接起来的式子。Go 语言的内置运算符包括算术运算符、关系运算符、逻辑运算符、位运算符、赋值运算符和其他运算符。

2.3.1 内置运算符

1. 算术运算符

算术运算符用于数值类型，并产生与第一个操作数相同类型的结果。4 个标准算术运算符（+、−、*、/）适用于整数、浮点数、复数运算；“+”也适用于字符串。按位逻辑和移位运算符仅适用于整数。Go 语言的算术运算符如表 2-4 所示，假设表中 a 的值为 20，b 的值为 10。

表 2-4 算术运算符

运算符	功能描述	运算实例
+	相加	a+b 的输出结果为 30
−	相减	a−b 的输出结果为 10
*	相乘	a*b 的输出结果为 200
/	相除	a/b 的输出结果为 2
%	求余	a%b 的输出结果为 0
++	自增	a++的输出结果 21
—	自减	a--的输出结果 19

【例 2-9】算术运算符的使用。

```
package main
import "fmt"
func main()  {
   var a int = 20
   var b int = 10
   fmt.Printf("a= %d, b= %d\n", a, b)
   var c int
   c = a + b
   fmt.Printf("a+b 的值为 %d\n", c )
   c = a - b
   fmt.Printf("a-b 的值为 %d\n", c )
   c = a * b
   fmt.Printf("a*b 的值为 %d\n", c )
   c = a / b
   fmt.Printf("a/b 的值为 %d\n", c )
   c = a % b
   fmt.Printf("a%%b 的值为 %d\n", c )
   a++
   fmt.Printf("a++的值为 %d\n", a )
   a--
   fmt.Printf("a--的值为 %d\n", a )
}
```

程序运行结果为：

```
a=20, b=10
a+b 的值为 30
a+b 的值为 10
a*b 的值为 200
a/b 的值为 2
a%b 的值为 0
a++的值为 21
a--的值为 20
```

在例 2-9 的程序中，计算了 a++后，a 的值变成了 21。因此，后续语句再计算 a--，得到 a 的值为 20。

注意，数值变量支持“++”自增和“--”自减语句，这里自增和自减是语句，而不是表达式，因此不能赋值给别的变量，x = a++这样的写法是错误的。此外没有++a 和--a。

2. 关系运算符

关系运算符又称为比较运算符，关系运算的结果是布尔类型的。Go 语言的关系运算符如表 2-5 所示，假设表中 a 的值为 20，b 的值为 10。

表 2-5　关系运算符

运算符	功能描述	运算实例
==	检查两个值是否相等，相等返回 true，否则返回 false	(a==b)为 false

续表

运算符	功能描述	运算实例
!=	检查两个值是否不相等，不相等返回 true，否则返回 false	(a!=b)为 true
>	检查左边的值是否大于右边的值，如果是返回 true，否则返回 false	(a>b)为 true
<	检查左边的值是否小于右边的值，如果是返回 true，否则返回 false	(a<b)为 false
>=	检查左边的值是否大于或等于右边的值，如果是返回 true，否则返回 false	(a>=b)为 true
<=	检查左边的值是否小于或等于右边的值，如果是返回 true，否则返回 false	(a<=b)为 false

【例 2-10】关系运算符的使用。

```
package main
import "fmt"
func main() {
  var a int = 20
  var b int = 10
  fmt.Printf("a= %d, b= %d\n", a, b)
  if( a == b ) {
    fmt.Printf("a 等于 b\n" )
  } else {
    fmt.Printf("a 不等于 b\n" )
  }
  if ( a < b ) {
    fmt.Printf(" a小于 b\n" )
  } else {
    fmt.Printf(" a不小于 b\n" )
  }

  if ( a > b ) {
    fmt.Printf(" a大于 b\n" )
  } else {
    fmt.Printf(" a不大于 b\n" )
  }
  if ( a <=b ) {
    fmt.Printf(" a小于或等于 b\n" )
  } else {
    fmt.Printf(" a不小于或等于 b\n" )
  }
  if ( a >= b ) {
    fmt.Printf(" a大于或等于 b\n" )
  } else {
    fmt.Printf(" a不大于或等于 b\n" )
  }
}
```

程序运行结果为：

```
a=20, b=10
a 不等于 b
a 不小于 b
```

```
a 大于 b
a 不小于或等于 b
a 大于或等于 b
```

3. 逻辑运算符

Go 语言的逻辑运算符如表 2-6 所示，假设表中 a 的值为 true，b 的值为 false。

表 2-6 逻辑运算符

运算符	功能描述	运算实例
&&	逻辑与。如果两边的操作数都是 true，则结果为 true，否则为 false	(a&&b)为 false
||	逻辑或。如果两边的操作数有一个为 true，则结果为 true，否则为 false	(a||b)为 true
!	逻辑非。如果操作数为 true，则结果为 false，否则为 true	!(a&&b)为 true

【例 2-11】 逻辑运算符的使用。

```
package main
import "fmt"
func main() {
var a bool = true
var b bool = false
fmt.Printf("a= %t, b= %t\n", a, b)
if (a && b) {
    fmt.Printf("a && b 的值为 true\n")
} else {
    fmt.Printf("a && b 的值为 false\n")
}
if (a || b) {
    fmt.Printf("a || b 的值为 true\n")
} else {
    fmt.Printf("a || b 的值为 false\n")
}
if (!a) {
        fmt.Printf("!a 的值为 true\n")
    } else {
        fmt.Printf("!a 的值为 false\n")
    }
}
```

程序运行结果为：

```
a = true, b = false
a && b 的值为 false
a || b 的值为 true
!a 的值为 false
```

4. 位运算符

位运算符对整数在内存中的二进制位进行操作。位运算符比一般的算术运算符的运算速度要快，而且可以实现一些算术运算符不能实现的功能。如果要开发高效率的程序，

位运算符是必不可少的。位运算符包括按位与（&）、按位或（|）、按位异或（^）、按位左移（<<）、按位右移（>>）。表 2-7 列出了位运算的计算示例。

表 2-7 位运算的计算示例

p	q	p&q	p|q	p^q
0	0	0	0	0
0	1	0	1	1
1	1	1	1	0
1	0	0	1	1

假设 a=61，b=15，将其转换成二进制，则 a = 0011 1101，b = 0000 1111。Go 语言支持的位运算符如表 2-8 所示。

表 2-8 位运算符

运算符	功能描述	运算实例
&	按位与运算符“&”是双目运算符，其功能是参与运算的两个运算数对应的二进制位相与	(a & b) 结果为 13，其二进制为 0000 1101
|	按位或运算符“|”是双目运算符，其功能是参与运算的两个运算数对应的二进制位相或	(a | b) 结果为 63，其二进制为 0011 1111
^	按位异或运算符“^”是双目运算符，其功能是参与运算的两个运算数对应的二进制位相异或	(a ^ b) 结果为 50，其二进制为 0011 0010
<<	左移运算符“<<”是双目运算符，其功能把“<<”左边的运算数的各二进制位全部左移若干位，由“<<”右边的数指定移动的位数，高位丢弃，低位补 0	a << 2 结果为 244，其二进制为 1111 0100
>>	右移运算符“>>”是双目运算符，其功能是把“>>”左边的运算数的各二进制位全部右移若干位，“>>”右边的数指定移动的位数	a >>2 结果为 15，其二进制为 0000 1111

【例 2-12】位运算符的使用。

```
package main
import "fmt"
func main() {
  var a uint = 61                      // 61 的二进制为 0011 1101
  var b uint = 15                      // 15 的二进制为 0000 1111
  fmt.Printf("a= %d, b= %d\n", a, b)
  var c uint = 0
  c = a & b                            // 13 的二进制为 0000 1101
  fmt.Printf(" a & b 的值为 %d\n", c )
  c = a | b                            // 63 的二进制为 0011 1111
  fmt.Printf("a | b 的值为 %d\n", c )
  c = a ^ b                            // 50 的二进制为 0011 0010
  fmt.Printf(" a ^ b 的值为 %d\n", c )
  c = a << 2                           // 244 的二进制为 1111 0100
  fmt.Printf(" a << 2 的值为 %d\n", c )
  c = a >> 2                           // 15 的二进制为 0000 1111
  fmt.Printf(" a >> 2 的值为 %d\n", c )
}
```

程序运行结果为：

```
a=61，b=15
a & b的值为 13
a | b 的值为 63
a ^ b的值为 50
a << 2 的值为244
a >> 2 的值为15
```

5. 赋值运算符

Go 语言的赋值运算符如表 2-9 所示，假设表中 a 的值为 10，b 的值为 20，c 的值为 30。

表 2-9 赋值运算符

运算符	功能描述	运算实例
=	将表达式的值赋给左边变量	c = a + b 将表达式 a + b 的值赋给变量 c，c 的值为 30
+=	相加后再赋值	c += a 等价于 c = c + a，c 的值为 40
-=	相减后再赋值	c -= a 等价于 c = c - a，c 的值为 20
*=	相乘后再赋值	c *= a 等价于 c = c * a，c 的值为 300
/=	相除后再赋值	c /= a 等价于 c = c / a，c 的值为 3
%=	求余后再赋值	c %= a 等价于 c = c % a，c 的值为 0
<<=	左移后赋值	c <<= 2 等价于 c = c << 2，c 的值为 120
>>=	右移后赋值	c >>= 2 等价于 c = c >> 2，c 的值为 7
&=	按位与后赋值	c &= 2 等价于 c = c & 2，c 的值为 2
^=	按位异或后赋值	c ^= 2 等价于 c = c ^ 2，c 的值为 28
|=	按位或后赋值	c |= 2 等价于 c = c | 2，c 的值为 30

使用赋值语句可以更新一个变量的值，被赋值的变量放在赋值号“=”的左边，赋值表达式放在赋值号“=”的右边。特定的二元算术运算符和赋值语句的复合操作有一个简洁形式，例如，c += a。

【例 2-13】赋值运算符的使用。

```
package main
import "fmt"
func main() {
    var a int = 20
fmt.Printf("a= %d\n", a)
    var c int
    c = a
    fmt.Printf("c = a把a的值赋给c，c的值为%d\n", c )
    c += a
    fmt.Printf("c += a把c + a的值赋给c，c 值为%d\n", c )
    c -= a
    fmt.Printf("c -= a把c - a的值赋给c，c 值为%d\n", c )
    c *= a
    fmt.Printf("c *= a把c * a的值赋给c，c 值为%d\n", c )
```

```
    c /= a
    fmt.Printf("c /= a 把 c / a 的值赋给 c, c 值为%d\n", c )
    c = 200;
    fmt.Printf("c= %d\n", c)
    c <<= 2
    fmt.Printf("c <<= 2 把 c <<2 的值赋给 c, c 值为%d\n", c )
    c >>= 2
    fmt.Printf("c >>= 2 把 c >>2 的值赋给 c, c 值为%d\n", c )
    c &= 2
    fmt.Printf("c &= 2 把 c &2 的值赋给 c, c 值为%d\n", c )
    c ^= 2
    fmt.Printf("c ^= 2 把 c ^2 的值赋给 c, c 值为%d\n", c )
    c |= 2
    fmt.Printf("c |= 2 把 c |2 的值赋给 c, c 值为%d\n", c )
}
```

程序运行结果为：

```
a=20
c = a 把 a 的值赋给 c, c 的值为 20
c += a 把 c + a 的值赋给 c, c 值为 40
c -= a 把 c - a 的值赋给 c, c 值为 20
c *= a 把 c * a 的值赋给 c, c 值为 400
c /= a 把 c / a 的值赋给 c, c 值为 20
c = 200
c <<= 2 把 c <<2 的值赋给 c, c 值为 800
c >>= 2 把 c >>2 的值赋给 c, c 值为 200
c &= 2 把 c &2 的值赋给 c, c 值为 0
c ^= 2 把 c ^2 的值赋给 c, c 值为 2
c |= 2 把 c |2 的值赋给 c, c 值为 2
```

Go 语言还有一个赋值号“:=”，它和“=”是有区别的，“=” 表示赋值，而“:=” 表示声明变量并赋值，详见 2.1 节变量声明中的简式声明。

6. 其他运算符

Go 语言的其他运算符见表 2-10，假设表中 a 是一个变量，ptr 是一个指针。

表 2-10 其他运算符

运算符	功能描述	运算实例
&	返回变量存储地址	&a 给出变量 a 的内存地址
*	指针变量所指的内存值	*ptr 是指针 ptr 所指的内存值

【例 2-14】其他运算符的使用。

```
package main
import "fmt"
func main() {
   var a int = 5
   var b int32
```

```
    var c float32
    var ptr *int
    fmt.Printf("a 变量类型为 = %T\n", a );
    fmt.Printf("b 变量类型为 = %T\n", b );
    fmt.Printf("c 变量类型为 = %T\n", c );
    ptr = &a
    fmt.Printf("a 的值为%d\n", a);
    fmt.Printf("*ptr 的值为%d\n", *ptr);
}
```

程序运行结果为：

```
a 变量类型为 = int
b 变量类型为 = int32
c 变量类型为 = float32
a 的值为 5
*ptr 的值为 5
```

2.3.2　运算符优先级

在 Go 语言中，当表达式中存在多个运算符时，应该先处理哪个运算符？这是由运算符优先级来决定的。例如，声明变量：

```
var a, b, c int = 20, 5, 6
```

那么，对于表达式 a + b * c，如果按照数学规则，应该先计算乘法，再计算加法；b * c 的结果为 30，a + 30 的结果为 50。Go 语言对表达式的处理和数学规则一样，也是先计算乘法再计算加法。执行赋值语句：

```
d = a + b * c
```

将把表达式 a + b * c 的值赋给 d，因此 d 的值为 50。

先计算乘法后计算加法，说明乘法运算符优先级比加法运算符优先级高。Go 语言有几十种运算符，被分成十几个优先级，如表 2-11 所示。

表 2-11　Go 语言运算符优先级与结合性

<table>
<tr><th>优先级</th><th>运算符分类</th><th>运算符</th><th>结合性</th></tr>
<tr><td>1</td><td>逗号运算符</td><td>,</td><td>从左到右</td></tr>
<tr><td>2</td><td>赋值运算符</td><td>=、+=、-=、*=、/=、%=、>=，<<=、&=、^=、|=</td><td>从右到左</td></tr>
<tr><td>3</td><td>逻辑或</td><td>||</td><td>从左到右</td></tr>
<tr><td>4</td><td>逻辑与</td><td>&&</td><td>从左到右</td></tr>
<tr><td>5</td><td>按位或</td><td>|</td><td>从左到右</td></tr>
<tr><td>6</td><td>按位异或</td><td>^</td><td>从左到右</td></tr>
<tr><td>7</td><td>按位与</td><td>&</td><td>从左到右</td></tr>
<tr><td>8</td><td>相等、不等</td><td>==、!=</td><td>从左到右</td></tr>
<tr><td>9</td><td>关系运算符</td><td><、<=、>、>=</td><td>从左到右</td></tr>
<tr><td>10</td><td>位移运算</td><td><<、>></td><td>从左到右</td></tr>
<tr><td>11</td><td>加法、减法</td><td>+、-</td><td>从左到右</td></tr>
<tr><td>12</td><td>乘法、除法、取余</td><td>*（乘号）、/、%</td><td>从左到右</td></tr>
</table>

续表

优先级	运算符分类	运算符	结合性
13	单目运算符	!、*（指针）、&、++、--、+（正号）、-（负号）	从右到左
14	后缀运算符	()、[]、->	从左到右

在Go语言中，优先级值越大，表示优先级越高，括号的优先级是最高的，括号中的表达式会优先执行。运算符的结合性是指相同优先级的运算符在同一个表达式中。在没有括号的时候，操作数计算的顺序，通常有从左到右和从右到左两种方式，例如，加法运算符的结合性是从左到右，那么表达式 a + b + c 则可以理解为(a + b) + c。

【例2-15】运算符优先级的使用。

```
package main
import "fmt"
func main() {
  var a int = 25
  var b int = 20
  var c int = 15
  var d int = 5
  fmt.Printf("a= %d, b= %d, c= %d, d= %d\n", a, b, c, d)
  var e int;
  e = (a + b) * c / d;
  fmt.Printf("(a + b) * c / d的值为%d\n", e );
  e = ((a + b) * c) / d;
  fmt.Printf("((a + b) * c) / d的值为%d\n" , e );
  e = (a + b) * (c / d);
  fmt.Printf("(a + b) * (c / d)的值为%d\n", e );
  e = a + (b * c) / d;
  fmt.Printf("a + (b * c) / d的值为%d\n" , e );
}
```

程序运行结果为：

```
a=25, b=20, c=15, d=5
(a + b) * c / d的值为135
((a + b) * c) / d的值为135
(a + b) * (c / d)的值为135
a + (b * c) / d的值为85
```

第3章 Go语言流程控制

流程控制是程序中语句的逻辑关系和执行次序。Go语言在流程控制方面类似于C语言，有3类流程控制：分支选择、循环控制和无条件转向。

Go语言提供了与C语言类似的分支选择语句：if语句和 switch语句，而且Go语言的switch语句更加灵活，可用于类型判断；同时提供了类似于多路转接器的、用于处理异步I/O操作的select语句。

在Go语言中没有do和while循环语句，只有一个for循环语句。Go语言可以利用goto语句实现语句间的无条件跳转，快速跳出循环。另外，还有循环控制语句break和continue。其中，break的功能是中断循环或跳出switch语句；continue的功能是继续for的下一个循环。

3.1 选择结构

程序设计有时需要根据不同情况进行不同的处理，选择结构可以对条件进行判断，并根据判断的结果选择执行相应的程序段。

选择结构中的条件由布尔表达式定义。

3.1.1 if 条件语句

1. 简单的条件语句

在 Go 语言中，可以通过 if 关键字进行条件判断。简单的 if 条件语句由一个布尔表达式后紧跟一条或多条语句组成，其语法格式如下：

```
if exp {
    //当 exp 为 true 时执行
    语句或语句块
}
```

其中，exp 是布尔表达式。当 exp 的值为 true 时，执行括号{}中的语句或语句块；当 exp 的值为 false 时，则不执行任何操作。

【例 3-1】用简单的 if 条件语句判断一个变量的大小。

```
package main
import "fmt"
func main() {
   // 定义一个局部变量 x
   var x int = 100
   // 用 if 语句对条件 x < 200 进行判断
   if x < 200 {
      // 当 x < 200 时执行
      fmt.Printf("x 小于 200\n")
   }
   fmt.Printf("x 的值为：%d\n", x)
}
```

程序运行结果为：

```
x 小于 200
x 的值为：100
```

2. 分支结构的条件语句

具有分支结构的 if 条件语句可以使用可选的 else 语句，当条件为 false 时执行 else 后面的语句或语句块。具有分支结构的 if 条件语句的语法如下：

```
if exp {
   // 当 exp 为 true 时
   语句 1 或语句块 1
}else{
   //当 exp 为 false 时
```

```
        语句 2 或语句块 2
    }
```

其中，exp 为布尔表达式。当 exp 的值为 true 时，执行语句 1 或语句块 1；当 exp 的值为 false 时，执行语句 2 或语句块 2。

Go 语言规定，与 if 匹配的左括号“{”必须与 if exp 放在同一行，如果把“{”放在其他位置，将会触发编译错误。同样的，与 else 匹配的左括号“{”必须与 else 放在同一行，else 也必须与上一个 if 或 else if 的右括号“}”放在同一行。

【例 3-2】用分支结构的 if 条件语句判断一个变量的大小。

```
package main
import "fmt"
func main() {
   // 定义局部变量 x
   var x int = 300
   // 用 if 语句对条件 x < 200 进行判断
   if x < 200 {
      // 当 x < 200 时执行
      fmt.Printf("x 小于 200\n")
   } else {
      // 当条件 x < 200 为 false 时执行
      fmt.Printf("x 大于 200\n")
   }
   fmt.Printf("x 的值为：%d\n", x)
}
```

程序运行结果为：

```
x 大于 200
x 的值为：300
```

3. 特殊的条件语句

if 条件语句还有一种特殊的写法，可以在 if 表达式 exp 之前添加一个执行语句，再根据变量值进行判断。例如：

```
if err := Connect(); err != nil{
   fmt.Println(err)
   return
}
```

Connect 是一个带有返回值的函数，err := Connect()是一条语句，执行 Connect 函数后，将错误保存到 err 变量中。if 条件语句的表达式为：

```
err != nil
```

当 err 不为空 nil 时，打印错误信息并返回。

这种写法可以将返回值与判断放在同一行处理，而且返回值的作用域被限制在 if 条件语句中。变量的作用域越小，在变量实现了其功能后，造成问题的可能性也越小，因此限制变量的作用域对程序代码的稳定性有很大的帮助。

4. 嵌套的条件语句

在处理实际问题时，可能会有多个分支的情况，这时可以用嵌套的 if 条件语句进行处理。嵌套的 if 条件语句是指 if 或 else 后面的语句块中又包含有 if 条件语句，简单地嵌套 if 条件语句的语法如下：

```
if exp1 {
   // 当 exp1 为 true 时执行
   if exp2 {
      // 当 exp2 为 true 时执行
   }
}
```

其中，exp1 和 exp2 为布尔表达式。

可以用同样的方法在带 else 分支结构的 if 条件语句中嵌套。

【例 3-3】用嵌套的 if 条件语句判断一个变量的大小。

```
package main
import "fmt"
func main() {
   //定义局部变量 x 和 y
   var x int = 300
   var y int = 400
   //用 if 条件语句对条件 x == 300 进行判断
   if x == 300 {
      //用嵌套的 if 语句对条件 y== 400 进行判断
      if y == 400 {
         //条件 y== 400 为 true 时执行
         fmt.Printf("x 的值为 300，y 的值 400\n")
      }
   }
   fmt.Printf("x 的值为：%d\n", x)
   fmt.Printf("y 的值为：%d\n", y)
}
```

程序运行结果为：

```
x 的值为 300，y 的值 400
x 的值为：300
y 的值为：400
```

【例 3-4】用嵌套的分支 if 条件语句判断一个变量的大小。

```
package main
import "fmt"
func main() {
   //定义局部变量 x 和 y
   var x int = 300
   var y int = 400
   //用 if 语句对条件 x == 300 进行判断
   if x == 300 {
      //用嵌套的 if-else 语句对 y 值大小进行判断
```

```
        if y < 400 {
            // y < 400时执行
            fmt.Printf("x的值为300，y的值小于400\n")
        } else {
            fmt.Printf("x的值为300，y的值大于或等于400\n")
        }
    }
    fmt.Printf("x的值为：%d\n", x)
    fmt.Printf("y的值为：%d\n", y)
}
```

程序运行结果为：

```
x的值为300，y的值大于或等于400
x的值为：300
y的值为：400
```

3.1.2 switch 语句

1. switch 语句的基本语法

switch语句是提供多分支结构的另一种形式，可以理解为一种批量的if语句。使用switch语句可方便对大量的值进行判断。Go语言中的switch语句，不仅可以基于常量进行判断，还可以基于表达式进行判断。switch语句的语法如下：

```
switch exp{
    case val1:
        语句1或语句块1
    case val2:
        语句2或语句块2
    ……
    default:
        语句或语句块
}
```

其中，exp为变量或表达式，val1，val2，…是同类型的任意值列表。

switch语句将exp的值与val1，val2，…进行比较，以确定要执行的分支。switch语句的执行过程是从上到下，直到找到匹配项。在这里特别说明，在Go语言中，改进了switch的语法设计，case与case之间是独立的语句块，不需要通过break语句跳出当前case语句块，这意味着匹配成功后就不会执行其他case。如果需要执行后面的case，可以使用fallthrough。

exp可以是任何类型，而val1，val2，…则必须是相同类型，或者最终结果为相同类型，不局限于常量或者整数。

值列表val1，val2，…可以是多个可能符合条件的值，用逗号将它们分开，例如：

```
case 1, 2, 3:
    fmt.Printf("Hello")
```

【例3-5】用switch对学生分数进行等级划分。

```
package main
```

```
import "fmt"
func main() {
   //定义局部变量grade 表示分数等级
   var grade string = "A"
   //定义局部变量marks 表示分数
   var marks int = 90
   switch marks {
     case 100, 90:
       grade = "A"
       fmt.Printf("优秀! \n")
     case 80, 70:
       grade = "B"
       fmt.Printf("良好\n")
     case 60:
       grade = "C"
       fmt.Printf("及格\n")
     default:
       grade = "D"
       fmt.Printf("不及格\n")
     }
     fmt.Printf("你的等级是 %s \n", grade)
}
```

程序运行结果为：

```
优秀!
    你的等级是 A
```

【例 3-6】判断某年某月的天数。

通过 switch 对月份进行判断，即可得到该月份的天数。但 2 月份比较特殊，闰年和平年的天数是不一样的，闰年的 2 月份比平年的 2 月多一天。当年份 year 满足以下条件时为闰年：①年份是 4 的倍数，且不是 100 的倍数，为普通闰年，即 year%4 == 0 && year%100 != 0；②年份是 400 的倍数为世纪闰年，即 year%400 == 0。

```
package main
import "fmt"
func main() {
    //从键盘输入年份 year、月份 month
    fmt.Println("请输入年、月：")
    fmt.Scanf("%d %d", &year, &month, &days)
    switch month {
    case 1, 3, 5, 7, 8, 10, 12:
        days = 31
    case 4, 6, 9, 11:
        days = 30
    case 2:
        if (year%4 == 0 && year%100 != 0) || year%400 == 0 {
            //判断闰年，如果是，则 2 月份为 29 天
            days = 29
```

```
            } else {
                days = 28
            }
        default:
            //如果输入的month值为1～12之外的值，则为无效输入，给days 赋值-1
            days = -1
        }
        if (days == -1){
            fmt.Println("无效输入")
        else{
            fmt.Println(" %d 年 %d 月的天数为: %d\n", year, month, days)
        }
    }
```

程序中对month的值进行了判断，并给出相应月份的天数，对于month的无效输入，在default中给出days = −1。输入“2022 2”得到程序的运行结果为：

```
2022年2月的天数为：28
```

2. 基于类型比较的switch 语句

switch语句除了上述表达式类型，即包含与switch表达式的值进行比较的表达式外，还有用来判断某个接口变量中实际存储变量的类型选择（Type-switch）的表达式。Type-switch语法格式如下：

```
switch exp.(type){
    case type1:
        语句1或语句块1
    case type2:
        语句2或语句块2
    ……
    default:
        语句或语句块
}
```

其中，exp为接口变量，type1，type2，…为数据类型。

【例3-7】判断接口变量的类型。

```
package main
import "fmt"
func main() {
var x interface{}
x = "hello"
switch i := x.(type) {
case nil:
    fmt.Printf(" x 的类型是%T\n", i)
case int:
    fmt.Printf(" x的类型是 int 型")
case float64:
    fmt.Printf(" x的类型是 float64 型")
case func(int) float64:
```

```
        fmt.Printf(" x的类型是 func(int) 型")
    case bool, string:
        fmt.Printf(" x的类型是 bool 或 string 型")
    default:
        fmt.Printf("x的类型是未知类型的变量")
    }
}
```

程序运行结果为：

```
x的类型是 bool 或 string 型
```

var x interface{}定义了一个接口变量 x，其默认值是 nil；switch 后面的 i := x.(type)得到的是接口变量 x 类型的值，后面 case 选择是根据类型的值进行判断。

3. 跨越 case 的 fallthrough

在 Go 语言中，case 是一个独立的代码块，执行完毕后不会像 C 语言那样紧接着执行下一个 case。前面提到过，在 switch 语句中可以使用 fallthrough 强制执行后面的 case 语句。

【例 3-8】fallthrough 的使用。

```
package main
import "fmt"
func main() {
    switch {
    case false:
        fmt.Println("1.case 条件语句为 false ")
        fallthrough
    case true:
        fmt.Println("2.case 条件语句为 true ")
        fallthrough
    case false:
        fmt.Println("3.case 条件语句为 false ")
        fallthrough
    case true:
        fmt.Println("4.case 条件语句为 true ")
        fallthrough
    case false:
        fmt.Println("5.case 条件语句为 false ")
    default:
        fmt.Println("6.默认 case")
    }
}
```

程序的运行结果为：

```
2.case 条件语句为 true
3.case 条件语句为 false
4.case 条件语句为 true
5.case 条件语句为 false
```

从例 3-8 代码的输出结果可以看出，switch 语句从第一个判断表达式为 true 的 case 开始执行，如果 case 带有 fallthrough，程序会继续执行下一条 case，并且不会再去判断下一个 case 的表达式是否为 true。

3.1.3 select 语句

select 语句主要用于处理异步 I/O 操作，其中的每个 case 必须是一个通信操作，要么是发送要么是接收。select 语句的语法如下：

```
select {
   case 通道操作 1:
      语句 1 或语句块 1
   case 通道操作 2:
      语句 2 或语句块 2
   ......
   default :
      语句或语句块
}
```

select 语句的语法结构类似于 switch，但是 select 语句的 case 后面并不带判断条件，而是一个通道的操作。select 语句就是监听 I/O 操作，当 I/O 操作发生时，触发相应的动作。每个 case 语句里必须是一个 I/O 操作，确切地说，应该是一个面向通道的 I/O 操作。关于 select 语句对于通道的 I/O 操作将在第 4 章介绍。

3.2 for 循环结构

在实际问题中，会经常遇到规律性的重复操作，因此在程序中就需要重复执行某些语句，此时就会用到循环语句。和 C 语言不同，Go 语言只提供了一种循环结构，即 for 循环，而不支持 while 和 do-while 循环结构。

3.2.1 for 语句的典型形式

for 语句的典型形式类似于 C 语言的 for 循环，由初始化子句、循环条件、后置子句三部分组成，相互之间用分号隔开。形式如下：

```
for init; condition; post{
   语句或语句块
}
```

其中，init 是初始化子句，给控制变量赋初值，一般为赋值表达式；condition 是循环条件，控制循环的执行，一般为关系表达式或逻辑表达式；post 是后置子句，给循环变量增量或减量，一般为赋值表达式。

for 语句的执行过程如下：首先初始化子句 init 对循环变量赋初值，然后判断循环变量是否满足给定的循环条件 condition，若满足循环条件，则执行循环体内的语句或语句块，接着后置子句 post 对循环变量进行增减，进入下一次循环。一旦循环条件的值为 false，即不满足循环条件，就终止 for 循环。

【例 3-9】计算 1 到 10 的数字之和。

```
package main
import "fmt"
func main() {
   sum := 0
   for i := 1; i <= 10; i++ {
      sum += i
   }
   fmt.Println(sum)
}
```

程序运行结果为：

```
55
```

3.2.2 for 语句的简单形式

for 语句的简单形式类似于 C 语言的 while 循环，没有循环变量的迭代变化，形式如下：

```
for condition{
   语句或语句块
}
```

其中，condition 是循环条件，控制循环的执行，一般为关系表达式或逻辑表达式。

【例 3-10】计算累加值。

```
package main
import "fmt"
func main() {
   sum := 1
   for sum <= 10{
      sum += sum
   }
   fmt.Println(sum)
}
```

程序运行结果为：

```
16
```

3.2.3 无限循环形式

Go 语言的无限循环形式类似于 C 语言的 for（;;）。形式如下：

```
for {
   语句或语句块
}
```

【例 3-11】无限循环。

```
package main
import "fmt"
func main() {
   sum := 0
   for {
```

```
        sum++
    }
    fmt.Println(sum)
}
```

在例 3-11 中，循环会一直无限循环下去，而无法终止，因此，语句 fmt.Println(sum) 没有执行，无结果输出。一般在无限循环中，循环体内必须有相关的条件判断以确保在某个时刻退出循环。

3.2.4 多重循环

下面通过打印水仙花数的例子，看看多重循环的使用。水仙花数是指一个 3 位数，它的每位上的数字的 3 次幂之和等于它本身，例如 1^3 + 5^3+ 3^3 = 153。

【例 3-12】用多重循环编程打印 100～999 之间的水仙花数。

```
package main
import "fmt"
func main(){
  for a := 1; a < 10; a++ {
    for b := 0; b < 10; b++ {
      for c := 0; c < 10; c++ {
        n := a*100 + b*10 + c*1
        if a*a*a+b*b*b+c*c*c == n{
          fmt.Println(n)
        }
      }
    }
  }
}
```

程序利用三重循环对百位数、十位数、个位数进行搜索，寻找满足要求的数，运行结果为：

```
153
370
371
407
```

3.3 跳转控制语句

在 Go 语言中，有三个跳转关键字 break、continue 和 goto，用来控制程序的跳转。

3.3.1 break 语句

Go 语言中的 break 语句用于以下两方面：在循环语句中跳出循环，并开始执行循环之后的语句；在 switch 中执行 case 后实现跳转。

break 语句的作用范围为该语句出现后最内部的结构，它用于在 for 循环语句中跳出循环，并开始执行循环之后的语句。但在 switch 和 select 语句中，break 语句的作用是跳过整个语句块。

在多重循环中，可以用标签 label 标出 break 语句跳出的循环。标签可用于 break、continue、goto 语句，在 for、select、switch 语句中都可以配合标签使用。

【例 3-13】用 break 语句实现在变量 x 大于 10 的时候跳出循环。

```
package main
import "fmt"
func main() {
   //定义局部变量 x 并赋初始值 5
   var x int = 5

   for x < 15 {
      fmt.Printf("x 的值为：%d\n", a)
      x++
      if x > 10 {
         //使用 break 语句跳出循环
         break
      }
   }
   fmt.Printf("结束循环")
}
```

程序运行结果为：

```
x 的值为：5
x 的值为：6
x 的值为：7
x 的值为：8
x 的值为：9
x 的值为：10
结束循环
```

当 a > 10 时，尽管满足循环条件 x < 15，但是遇到了 break 语句，因此跳出循环。

【例 3-14】在 break 语句中使用标签。

```
package main
import "fmt"
func main() {
   fmt.Println("不使用标签的情况")
   for i := 1; i <= 3; i++ {
   fmt.Printf("i: %d\n", i)
      for j := 11; j <= 13; j++ {
         fmt.Printf("j: %d\n", j)
         break
      }
   }

   fmt.Println("使用标签的情况")
   re:
   for i := 1; i <= 3; i++ {
```

```
        fmt.Printf("i: %d\n", i)
        for j := 11; j <= 13; j++ {
            fmt.Printf("j: %d\n", j)
            break re
        }
    }
}
```

程序运行结果为：

```
不使用标签的情况
i: 1
j: 11
i: 2
j: 11
i: 3
j: 11
使用标签的情况
i: 1
j: 11
```

在例3-14程序的二重循环中，不使用标签时，break在循环语句中跳出内循环，并开始执行之后的语句，即外循环控制变量执行i++，所以内循环语句重新执行，j被赋初始值11；在使用标签时，break直接跳出re所标记的循环位置，该二重循环只循环了一次。

3.3.2 continue语句

和break语句不同，continue语句不是跳出循环，而是跳出当前循环执行下一次循环语句。在for循环中，执行 continue 语句会触发 for 增量语句的执行。

【例3-15】 用continue语句实现在变量x等于10时跳出本次循环，并执行下一次循环。

```
package main
import "fmt"
func main() {
    //定义局部变量x并赋初始值5
    var x int = 5
    for x < 15 {
        if x == 10 {
            x = x + 1
            continue //跳出本次循环
        }
        fmt.Printf("x的值为：%d\n", x)
        x++
    }
}
```

程序运行结果为：

```
x的值为：5
x的值为：6
```

```
x 的值为：7
x 的值为：8
x 的值为：9
x 的值为：11
x 的值为：12
x 的值为：13
x 的值为：14
```

当 x 等于 10 时，跳出了本次循环，因此没有执行语句 fmt.Printf("x 的值为：%d\n", x)，在运行结果中，没有看到显示 10。

在 continue 语句中，可以使用标签标记 continue 语句要继续执行的语句或语句块。

【例 3-16】在 continue 语句中使用标签。

```
package main
import "fmt"
func main() {
   fmt.Println("在 continue 语句中不使用标签")
   for i := 1; i <= 3; i++ {
      fmt.Printf("i: %d\n", i)
      for j := 11; j<= 13; j++ {
         fmt.Printf("j: %d\n", j)
         continue
         fmt.Printf("111111")
      }
   }
   fmt.Println("在 continue 语句中使用标签")
   re:
   for i := 1; i <= 3; i++ {
      fmt.Printf("i: %d\n", i)
      for j:= 11; j<= 13; j++ {
         fmt.Printf("j: %d\n", j)
         continue re
         fmt.Printf("222222")
      }
   }
}
```

程序运行结果为：

```
在 continue 语句中不使用标签
i: 1
j: 11
j: 12
j: 13
i: 2
j: 11
j: 12
j: 13
i: 3
```

```
j: 11
j: 12
j: 13
在continue语句中使用标签
i: 1
j: 11
i: 2
j: 11
i: 3
j: 11
```

在例3-16程序中，continue语句都跳出了本次循环，而没有执行后续的fmt.Printf("111111")语句或fmt.Printf("222222")语句。但是，在不使用标签时，continue在循环语句中跳出本次循环后，执行下一次循环；而在使用标签时，continue直接跳到re所标记的循环位置，所以内循环语句重新执行，内循环不执行j自增操作，而是被重新赋初始值11。

3.3.3 goto语句

在Go语言中，用goto语句通过标签无条件转移到指定的语句行。goto语句通常与条件语句配合使用，用来实现条件跳转、构成循环、跳出循环体等功能。

Go语言在程序中使用goto语句可以简化一些代码的实现过程。但是，在结构化程序设计中一般不主张使用goto语句，以免造成程序流程的混乱，使程序可读性变差，或造成调试程序困难。

goto语句的语法格式如下：

```
goto label;
......
label: 语句或语句块;
```

其中，label是标签。

【例3-17】用goto语句实现在变量x等于10时跳出本次循环，并回到loop标记处。

```
package main
import "fmt"
func main() {
   //定义局部变量x并赋初始值5
   var x int = 5
   loop:
   for x < 15 {
      if x == 10 {
         x = x + 1
         goto loop          //跳到loop标记处
      }
      fmt.Printf("x的值为：%d\n", x)
      x++
   }
}
```

程序运行结果为：

```
x 的值为：5
x 的值为：6
x 的值为：7
x 的值为：8
x 的值为：9
x 的值为：11
x 的值为：12
x 的值为：13
x 的值为：14
```

当变量 x 的值为 10 时，执行 goto loop 语句，跳到 loop 标记处，因此没有执行 fmt.Printf("x 的值为：%d\n", x)语句，在运行结果中 10 未显示。

【例 3-18】用 goto 语句跳出多重循环。

```
package main
import "fmt"
func main() {
   // 用 goto 语句跳出二重循环
   for i := 1; i < 10; i++ {
       for j :=1; j < 10; j++ {
          if i+j>12 {
             // 跳到标签 label 处
             goto label
          }
          fmt.Printf("%d ", i+j)
       }
       fmt.Printf("\n")
   }
   // 设置标签
   label :
   fmt.Println("end")
}
```

程序运行结果为：

```
2 3 4 5 6 7 8 9 10
3 4 5 6 7 8 9 10 11
4 5 6 7 8 9 10 11 12
5 6 7 8 9 10 11 12 end
```

注意，语句块外的 goto 语句不能跳到语句块内的标签处。

【例 3-19】goto 语句使用错误的实例。

```
package main
import "fmt"
var x int = 5
func main() {
if x%2 == 1 {
     goto label1
   }
```

```
    for x < 10 {
        label1:
        x--
        fmt.Println(x)
    }
```

程序运行报错：

```
    .\main.go:6:8: goto label1 jumps into block starting at .\main.go:8:13
```

在例3-19中，label1在for循环内，goto语句在循环内，不能跳转到循环内的标签label1，所以程序不能通过编译。

第4章 复杂的数据类型

Go语言的数据类型分为四大类：第一类是前面介绍的基本数据类型。第二类是聚合类型，包括数组和结构体，它们是通过组合各种简单类型得到的更复杂的数据类型，数组的元素具有相同的类型，而结构体中的元素数据类型可以不同，且数组和结构体的长度是固定的。第三类是引用类型，其中包含多种类型，如切片、映射，还有指针、函数和通道，它们的共同点是间接指向程序变量或状态。切片相当于动态数组，可以动态扩容；映射是一种无序的键值对的集合，可以快速实现数据的检索。第四类是接口类型，一个接口类型定义了一套方法，如果一个具体类型要实现该接口，那么必须实现接口类型定义中的所有方法。

Go 语言没有类和继承的概念，但是可以通过接口的概念实现程序的多态性；goroutine是Go语言中的轻量级线程实现，而通道在goroutine之间架起了一个管道，提供了确保同步交换数据的机制。

4.1　数　　组

Go 语言提供了数组类型的数据结构。数组由具有相同类型的一组长度固定的数据元素所组成，数组的基类型可以是任意的数据类型，如整型、字符串或者自定义类型。

4.1.1　数组的声明

Go 语言数组声明需要指定元素类型及元素个数。一维数组声明的语法格式如下：

```
var ArrayName [SIZE] BaseType
```

其中，ArrayName 是数组名，SIZE 是数组大小，BaseType 是数组的基类型。

例如，下面程序的语句定义了数组 price，数组大小为 5，其类型为 float32：

```
var price[5] float32
```

数组中的元素是通过数组下标来访问的，数组下标从 0 开始。例如，下面的语句给 price 的第 2 个元素赋值：

```
price[2]=20.35
```

数组也可以在声明时进行初始化：

```
var price = [5] float32 {10.01, 20.03, 30.14, 17.05, 50.09}
```

如果数组长度不确定，可以使用“…”代替数组的长度，编译器会根据元素个数自行推断数组的长度。例如：

```
var price = [...] float32 {10.01, 20.03, 30.14, 17.05, 50.09}
```

或

```
price := [...] float32 {10.01, 20.03, 30.14, 17.05, 50.09}
```

Go 语言的内置函数 len 返回数组元素的个数：

```
len(price)
```

Go 语言支持多维数组，多维数组声明的语法格式如下：

```
var name [SIZE1][SIZE2]...[SIZEn] type
```

其中，name 是数组名，SIZE1、SIZE2、…、SIZEn 是数组各维大小，type 是数组的基类型。

例如，声明一个二维整型数组：

```
var matrix[5][4] int
```

4.1.2　数组元素的访问

数组元素可以通过数组下标来访问。数组下标从 0 开始，即第 1 个数组元素的下标为 0，第 2 个数组元素的下标为 1，以此类推。例如，声明数组：

```
var numbers[5] float
```

则数组元素的访问如图 4-1 所示。

Go 语言提供了两种遍历数组的方式：一种是通过传统 for 循环遍历，如例 4-1、例 4-2；一种是通过 for…range 循环遍历，类似于其他程序设计语言中的 for each 循环，如例 4-3。for…range 循环可应用于多种 Go 内置数据结构，如字符串、数组、切片、映射、通道等。

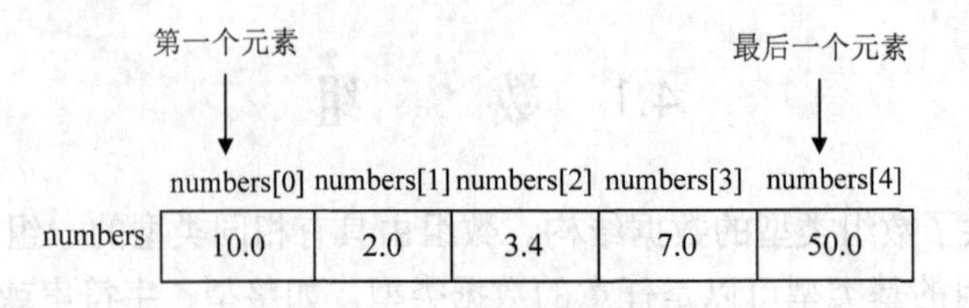

图 4-1 数组元素的访问

【例 4-1】数组元素的访问。

```
package main
import "fmt"
func main() {
   // 声明长度为 5 的数组 num
   var num[5] int
   var i int
   // 对数组 num 进行初始化
   for i = 0; i < 5; i++ {
     num[i] = i + 10
   }
   // 输出数组元素的值
   for i= 0; i < 5; i++ {
     fmt.Printf("num[%d] = %d\n", i, num[j] )
   }
}
```

程序运行结果为：

```
num[0] = 10
num[1] = 11
num[2] = 12
num[3] = 13
num[4] = 14
```

【例 4-2】求 1+2!+3!+4!+5!的和。

```
package main
import "fmt"
func main() {
    var n, sum = 1, 0
    for i := 1; i <=5; i++ {
        n= n * i
        sum = sum + n
    }
   fmt.Println("1+2!+3!+4!+5!的值为：", sum)
}
```

程序运行结果为：

```
1+2!+3!+4!+5!的值为：153
```

【例 4-3】用 for…range 循环访问二维数组元素。

Go 语言通过 for…range 循环对数组元素进行遍历，遍历时 key 和 value 分别代表字符串的下标和字符串中的每一个字符。

```
var str = "hello"
for key, value := range str{
    fmt.Printf("key:%d value:0x%x\n", key, value)
}
```

程序输出结果如下：

```
key:0 value:0x68
key:1 value:0x65
key:2 value:0x6c
key:3 value:0x6c
key:4 value:0x6f
```

用 for…range 循环访问二维数组元素：

```
package main
import "fmt"
func main() {
    var array = [2][3] int{{1, 2, 3}, {4, 5, 6}}
    for i, vaule := range array {
        for j, _ := range vaule {
            fmt.Printf("%d",array[i][j])
        }
        fmt.Println()
    }
}
```

程序运行结果为：

```
1 2 3
4 5 6
```

4.2　切　　片

Go 语言中，切片是和数组紧密相关的数据类型。数组的长度是不可变的，在特定场合不太适用。Go 语言提供了一种灵活的内置切片数据类型 slice，切片是长度可变、容量固定的相同的元素序列。Go 语言的切片本质是一个数组，容量固定是因为数组的长度是固定的，切片的容量即为隐藏数组的长度。长度可变指的是在数组长度的范围内可变。

4.2.1　切片的声明

切片的声明与数组类似，但是由于切片长度是动态可变的，因此切片声明时只需指定切片元素类型，即基类型，而不需说明切片长度。其语法格式如下：

```
var name[] type
```

其中，name 是切片名，type 是切片的基类型。切片在编译时会生成切片的基类型，如 int、interface{}等。

切片初始化有 3 种方法。

1）通过下标初始化切片

```
arr := [3] int{1, 2, 3, 0, 0}
s = arr[0:2]
```

切片是基于底层数组实现的，是对数组的抽象。切片是只有三个字段的数据结构：指向底层数组的指针、能访问的元素个数（即切片长度 len）和允许增长到的元素个数（即切片容量 cap），如图 4-2 所示，切片长度为 3，容量为 5。

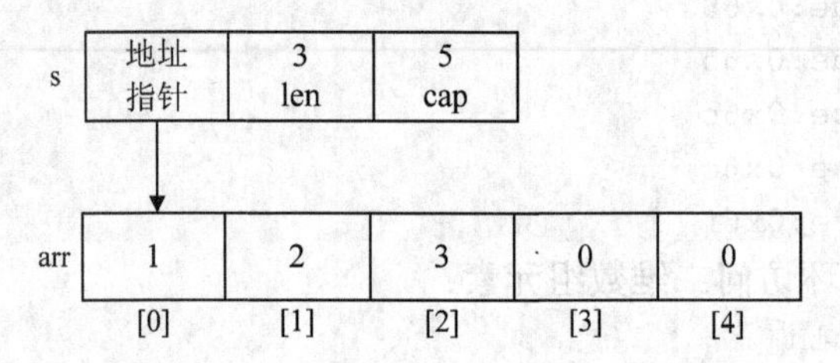

图 4-2 切片的数据结构

切片容量是切片底层数组的大小，只能访问切片长度范围内的元素。图 4-2 中切片长度 len=3，只能访问到第 3 个元素，剩余的 2 个元素需要切片扩容以后才能访问。因此，容量 cap>=长度 len，不能创建长度大于容量的切片。

使用下标初始化切片不会复制原数组或原切片中的数据，而只会创建一个指向原数组或原切片的结构体，所以修改新切片的数据也会修改原数组或原切片。

2）使用字面量初始化新切片

使用字面量创建切片，就指定了切片初始化的值。例如：

```
s := []int{1, 2, 3, 4, 5}
```

定义了一个长度和容量都是 5 的整型切片。这种创建方式与数组的创建方式类似，只是不用指定[]中的值，这时切片的长度和容量是相等的，并且会根据指定的字面量推导出来。

3）使用 make 函数创建切片

可以用 make 函数来创建切片，其中 len 为切片的初始长度：

```
var s[] type = make([]type, len)
```

或

```
s := make([]type, len)
```

也可以为切片指定容量 cap，其中 cap 为可选参数：

```
var s[] = make([]type, len, cap)
```

4.2.2 切片的使用

【例 4-4】切片的使用。

```
package main
import "fmt"
func main() {
   var num = make([]int, 3, 5)
   fmt.Printf("len=%d cap=%d slice=%v\n", len(num), cap(num), num)
}
```

程序运行结果为：

```
len=3 cap=5 slice=[0 0 0]
```

可以设置一个上限 upper，一个下限 lower，通过上、下限来截取切片。

【例 4-5】截取切片。

可以对切片进行截取，如 num[lower:upper]可以截取一个子切片，子切片 num[lower, upper]包含从下标 lower 到下标 upper−1 的元素，包含元素 slice[low]，但不包含元素 slice[high]。因此 num[1:4]的值为[1 2 3]，而不是[1 2 3 4]。

```
package main
import "fmt"
func main() {
   // 创建一个切片 num
   num := []int{0, 1, 2, 3, 4, 5, 6, 7, 8, 9}
   fmt.Printf("len=%d cap=%d slice=%v\n", len(num), cap(num), num)
   //打印原始切片 num
   fmt.Println("原始切片 num=", num)
   // 下限 lower=1，上限 upper=4
   fmt.Println("num[1:4] =", num[1:4])
   // 下限 lower=0（默认），上限 upper=5
   fmt.Println("num[:5] =", num[:5])
   //下限 lower=3，上限 upper=len(s)（默认）
   fmt.Println("numbers[3:] =", num[3:])
   // 打印子切片
   num1 := make([]int, 0, 5)
   fmt.Printf("len=%d cap=%d slice=%v\n", len(num1), cap(num1), num1)
   // 打印子切片
   num2 := num[:2]
   fmt.Printf("len=%d cap=%d slice=%v\n", len(num2), cap(num2), num2)
}
```

程序运行结果为：

```
len=10 cap=10 slice=[0 1 2 3 4 5 6 7 8 9]
原始切片 num == [0 1 2 3 4 5 6 7 8 9]
num[1:4] == [1 2 3]
num[:5] == [0 1 2 3 4]
num[3:] == [3 4 5 6 7 8]
len=0 cap=5 slice=[]
len=2 cap=10 slice=[0 1]
```

【例 4-6】增加切片的容量。

如果想增加切片的容量，必须创建一个新的更大的切片并把原分片的内容都拷贝过来。内置函数 append 用来将元素追加到切片的后面，copy 函数将源切片中的元素复制到目标切片中。

```
package main
import "fmt"
func main() {
   var num []int
   fmt.Printf("len=%d cap=%d slice=%v\n", len(num), cap(num), num)
```

```
    // 追加空切片
    num = append(num, 0)
    fmt.Printf("len=%d cap=%d slice=%v\n", len(num), cap(num), num)
    // 向切片添加一个元素
    num = append(num, 1)
    fmt.Printf("len=%d cap=%d slice=%v\n", len(num), cap(num), num)
    // 向切片添加多个元素
    num = append(num, 2, 3, 4, 5)
    fmt.Printf("len=%d cap=%d slice=%v\n", len(num), cap(num), num)
    // 创建切片 num1，扩容 2 倍
    num1 := make([]int, len(num), (cap(num))*2)
    // 将 num 的内容拷贝到 num1
    copy(num1,num)
    fmt.Printf("len=%d cap=%d slice=%v\n", len(num), cap(num), num)
}
```

程序运行结果为：

```
len=0 cap=0 slice=[]
len=1 cap=1 slice=[0]
len=2 cap=2 slice=[0 1]
len=6 cap=6 slice=[0 1 2 3 4 5]
len=6 cap=12 slice=[0 1 2 3 4 5]
```

【例 4-7】创建多维切片。

Go 语言可以创建多维切片，用多重循环语句对其操作。

```
package main
import "fmt"
func main() {
    // 创建多维切片
    twoD := make([][]int, 3)
    for i := 0; i < 3; i++ {
        innerLen := i + 1
        twoD[i] = make([]int, innerLen)
        for j := 0; j < innerLen; j++ {
            twoD[i][j] = i + j
        }
    }
    fmt.Println("2d: ", twoD)
}
```

程序运行结果为：

```
2d:  [[0] [1 2] [2 3 4]]
```

4.3 结 构 体

4.3.1 结构体的声明

Go 语言中数组只能存储同一类型的数据，要为不同项定义不同的数据类型，需要采用结构体。结构体是由一系列具有相同类型或不同类型的数据构成的数据集合。

结构体用 struct 和 type 语句定义。struct 语句定义一个新的数据类型，结构体中有一个或多个成员；type 语句定义结构体的名称。结构体的格式如下：

```
type StructType struct {
   结构体成员定义
}
```

4.3.2　结构体的使用

【例 4-8】建立学生档案，每个学生有以下属性：学号、姓名、性别和年龄。

```
package main
import "fmt"
//定义结构体类型 Students
type Students struct {
   num int        //学号
   name string   //姓名
   sex  string   //性别
   age int        //年龄
}
func main() {
// 声明两个 Students 变量 stu1、stu2
   var stu1 Students
   var stu2 Students

   // 给 stu1 成员赋值
   stu1.num = 1
   stu1.name = "李明"
   stu1.sex = "男"
   stu1.age = 19
   // 给 stu2 成员赋值
   stu2.num = 2
   stu2.name = "林丽"
   stu2.sex = "女"
   stu2.age = 18
    // 显示学生 stu1 的信息 */
   fmt.Printf( "Student 1 num: %d\n", stu1.num)
   fmt.Printf( "Student 1 name: %s\n", stu1.name)
   fmt.Printf( "Student 1 sex: %s\n", stu1.sex)
   fmt.Printf( "Student 1 age: %d\n", stu1.age)
   // 显示学生 stu2 的信息 */
   fmt.Printf( "Student 2 num: %d\n", stu2.num)
   fmt.Printf( "Student 2 name: %s\n", stu2.name)
   fmt.Printf( "Student 2 sex: %s\n", stu2.sex)
   fmt.Printf( "Student 2 age: %d\n", stu2.age)
}
```

程序运行结果为：

```
Student 1 num: 1
Student 1 name: 李明
Student 1 sex: 男
Student 1 age: 19
Student 2 num: 2
Student 2 name: 林丽
Student 2 sex: 女
Student 2 age: 18
```

4.4 映　射

4.4.1 映射的声明

在Go语言中，映射是用途广泛的数据结构之一，它是一种键值对的无序集合，类似于索引。在这个集合中，键的值是唯一的，键对应的值可以通过键来获取、更新或移除。无论映射表有多大，这些操作基本上通过常量时间的键比较就可以完成。

可以使用内建函数 make 也可以使用 map 关键字来定义映射：

```
//声明映射变量，默认映射是空映射
var MapVariable map[KeyType] ValueType
//使用 make 函数
MapVariable := make(map[KeyType] ValueType)
```

其中，MapVariable 为映射变量名，KeyType 和 ValueType 为键和值对应的数据类型。KeyType 可以是任何类型，ValueType 也没有任何限制，可以是内置的类型，也可以是结构类型，只要这个值可以使用 == 运算符做比较。切片、函数和包含切片的结构类型，由于具有引用语义，不能作为 KeyType 的类型，使用这些类型会造成编译错误。

如果不初始化映射，那么就会创建一个空映射，空映射不能用来存放键值对。例如：

```
m := map[[]string]int{}
```

声明了一个空映射，使用字符串切片作为映射的键。编译上面的代码，会得到一个编译错误：

```
invalid map key type []string.
```

在Go语言中使用映射不需要引入任何库，因此Go语言的映射使用起来更加方便。有很多种方法可以创建并初始化映射：可以使用内置的 make 函数，也可以使用映射字面量。例如，创建一个映射 m，键和值的类型都是 string，并使用两个键值对进行初始化：

```
m := map[string]string{"Red": "红", "Orange": "橙"}
```

创建映射时，更常用的方法是使用映射字面量。映射的初始长度会根据初始化时指定的键值对的数量来确定。

4.4.2 映射的使用

【例 4-9】映射的创建和使用。

```
package main
import "fmt"
func main() {
```

```
    // 创建集合
    var colorMap map[string]string
    colorMap = make(map[string]string)
    // 生成键值对，对应各种颜色
    colorMap [ "Red" ] = "红"
    colorMap [ "Orange" ] = "橙"
    colorMap [ "Yellow" ] = "黄"
    colorMap [ "Green" ] = "绿"
    colorMap [ "Blue" ] = "蓝"
    // 使用键输出颜色值
    for color:= range colorMap {
      fmt.Println(colors, "颜色: ", colorMap [color]
  }
    // 查看某种颜色是否在集合中
    color, ok := colorMap [ "White" ]
    // 如果颜色在集合中，则显示；否则给出提示
    if (ok) {
      fmt.Println("White 颜色: ", color)
    } else {
      fmt.Println("White 颜色不在集合中")
    }
  }
```

程序运行结果为：

```
Red 颜色：红
Orange 颜色：橙
Yellow 颜色：黄
Green 颜色：绿
Blue 颜色：蓝
White 颜色不在集合中
```

也可以用如下方式生成键值对：

```
    colorMap := map[string]string{"Red": " 红 ", "Orange": " 橙 ",
"Yellow": "黄"}
```

可以用 delete 函数删除 map 中的键值对，例如：

```
delete(colorMap, "Blue")
```

【例 4-10】从键盘输入一字符串，分别统计字母、数字和其他字符出现的次数。

```
package main
import (
    "fmt"
    "unicode"
)
func main() {
    str := "Hello World! 2022/03/11"
    fmt.Printf("%s\n", str)
    chr := make(map[string]int)
    // 计数器赋初始值
    chr["letter"] = 0
```

```
        chr["number"] = 0
        chr["other"] = 0
        for _, v := range str {
            switch {
            case unicode.IsLetter(v):
                chr["letter"]++
            case unicode.IsNumber(v):
                chr["number"]++
            default:
                chr["other"]++
            }
        }
        fmt.Println("字母出现的次数为：", chr["letter"])
        fmt.Println("数字出现的次数为：", chr["number"])
        fmt.Println("其他字符出现的次数为：", chr["other"])
    }
```

程序运行结果为：

```
Hello World! 2022/03/11
字母出现的次数为：10
数字出现的次数为：8
其他字符出现的次数为：5
```

4.5 接　口

4.5.1 接口的声明

接口是面向对象程序设计中体现多态性的重要手段。

Go 语言提供了接口数据类型，它是一种抽象的数据类型。在很多情况下，数据可能包含不同的类型，却有一个或者多个共同点，这些共同点就是抽象的基础。例如，int 类型的整数，float 类型的实数，它们都要完成加、减、乘、除这些共同的运算。接口可以理解为某一方面的抽象，如多种类型实现一个接口，这就是多态的体现。

接口类型是一组仅包含方法名、参数、返回值的未具体实现的方法的集合，接口类型的声明由若干方法的声明组成，其格式如下：

```
type InterfaceName interface {
   MethodName1 (ParamList1) [ReturnList1]
   MethodName2 (ParamList2) [ReturnList2]

   ……
   MethodNamen (ParamListn) [ReturnListn]
}
```

其中，InterfaceName 是接口类型名；MethodName1，MethodName2，…，MethodNamen 是方法名，在接口类型声明中不允许出现重复的方法名；ParamList1，ParamList2，…，ParamListn 是参数列表；ReturnList1，ReturnList2，…，ReturnListn 是返回值列表。

Go 语言中，接口定义了一组方法集合，但是这些方法集合只是被定义，并没有在接口中实现。因为所有的类型包括自定义类型都已定义了空接口 interface{}，所以空接口 interface{}可以被当做任意类型，可以被分配任何值。例如空接口 any 可以是任何类型：

```
var any interface{}
any = true
any = 12.34
any = "hello"
any = map[string]int{"one": 1}
any = new(bytes.Buffer)
```

以上程序创建了一个包含布尔值、浮点数、字符串、映射、指针或任何其他类型的空接口，由于接口没有定义方法，无法直接处理它所拥有的值。

接口是一组抽象方法的集合，它必须由其他非接口类型实现，Go 语言通过它可以实现很多面向对象的特性。例如，标准包 io 中定义了下面两个接口，每个接口都只有一个方法：

```
type Reader interface{
    Read(p []byte) (n int, err error)
}
type Writer interface{
    Write(p []byte) (n int, err error)
}
```

如果接口的所有方法在某个类型中被实现，则认为该类型实现了这个接口。同一个接口可以被多个类型实现，一个类型也可以实现多个接口。

4.5.2　接口的使用

【例 4-11】接口类型的定义和实现。

```
package main
import "fmt"
// 定义一个接口类型
type Phone interface {
    //定义一个方法
    hello()
}
//声明 2 个结构体
type AndroidPhone struct {
}
type IPhone struct {
}
//实现接口方法
func (xiaomi AndroidPhone) hello() {
    fmt.Println("你好，我是小米")
}
func (iphone12 IPhone) hello() {
    fmt.Println("你好，我是苹果")
}
```

```
// 使用接口
func main() {
   var phone Phone
   phone = new(AndroidPhone)
   phone.hello()
   phone = new(IPhone)
   phone.hello()
}
```

程序运行结果为：

```
你好，我是小米
你好，我是苹果
```

4.6 通 道

4.6.1 goroutine

对并发的支持是 Go 语言最重要的特性之一。Go 语言的并发基于 CSP 模型，两个独立的并发实体通过共享的通道进行通信。在 Go 语言中，goroutine 是一个并发的执行单元，是可以与其他 goroutine 并行执行的函数，而在其他编程语言中需要用线程来完成同样的事情。goroutine 是 Go 语言并发设计的核心，也叫协程，它比线程更加轻量，占用的内存远小于线程，因此可以同时运行成千上万个并发任务。不仅如此，Go 语言内部实现了 goroutine 之间的内存共享，它比线程更加易用、高效和轻便。

通道是 Go 语言的一种内置数据结构，可以让用户在不同的 goroutine 之间同步发送消息，这样可以避免多个 goroutine 争夺同一个数据的使用权。

只需要在调用的函数前面添加 go 关键字，就能使这个函数以协程的方式运行。goroutine 的语法格式如下：

```
go FunName(ParamList)
```

其中，FunName 是函数名，ParamList 是参数列表。

【例 4-12】用 go 语句开启一个新的运行线程 goroutine。

可以用 go 语句开启一个新的运行线程 goroutine，以一个不同的、新创建的 goroutine 来执行一个函数。同一个程序中的所有 goroutine 共享同一个地址空间。例如，定义一个 f 函数：

```
func f(from string) {
for i := 0; i < 3; i++ {
    fmt.Println(from, ":", i)
}
```

如果调用 f 函数：

```
f("direct")
```

则会打印：

```
direct : 0
direct : 1
direct : 2
```

为了能够让 f 函数以协程的方式运行，可用 go 语句调用 f 函数：

```
go f("goroutine")
```

也可用匿名函数开启一个协程运行：

```
go func(msg string) {
    fmt.Println(msg)
}("going")
```

协程在调用之后就开始异步执行了，下面是完整的程序：

```
package main
import "fmt"
func f(from string) {
   for i := 0; i < 3; i++ {
       fmt.Println(from, ":", i)
   }
}
func main() {
   // 使用通常的同步调用来调用函数 f
   f("direct")
   // 以协程的方式调用函数 f，并开始异步执行
   go f("goroutine")
   // 用匿名函数开启一个协程运行
   go func(msg string) {
      fmt.Println(msg)
   }("going")
   // Scanln 语句从键盘输入，只是为了让程序暂停，看看 2 个协程的运行结果
   var input string
   fmt.Scanln(&input)
   fmt.Println("done")
}
```

程序运行结果为：

```
direct : 0
direct : 1
direct : 2
goroutine : 0
going
goroutine : 1
goroutine : 2
going
```

【例 4-13】 用 goroutine 打印字符串。

```
package main
import (
  "fmt"
  "time"
)
func Helloworld(s string) {
```

```
        for i := 0; i < 5; i++ {
        time.Sleep(100 * time.Millisecond)
        fmt.Println(s)
    }
}
func main() {
        go Helloworld("world")
Helloworld("hello")
    }
```

执行以上程序代码，运行结果如下：

```
world
hello
world
hello
hello
world
hello
world
world
hello
```

可以看到输出的字符串 hello 和 world 没有固定先后顺序，因为有两个 goroutine 在执行。

4.6.2 通道通信

通道可在两个 goroutine 之间通过传递一个指定类型的值来同步运行和通信。操作符 <- 用于指定通道的方向，即发送或接收。如果未指定方向，则为双向通道。例如：

```
ch <- data   // 把 data 发送到通道 ch
data:= <-ch  // 从通道 ch 接收数据，并把值赋给 data
```

可以用内置函数 make 和 chan 关键字声明一个通道，例如：

```
ch := make(chan int)
```

默认情况下，通道不带缓冲区。发送端发送数据，必须由接收端相应地接收数据。通道也可以通过内置函数 make 设置缓冲区，make 的第 2 个参数指定缓冲区大小。例如：

```
ch := make(chan int, 10)
```

【例 4-14】用通道实现一个加法器。

```
package main
import "fmt"
func sum(dataset []int, ch chan int) {
  sum := 0
  // 用关键字 range 在 for 循环中迭代数组 dataset
  for _, n := range dataset {
    sum += n
  }
  // 把 sum 发送到通道 ch
  ch<- sum
```

```
}
func main()  {
dataset := []int{1, 2, 3, 4, 5, 6}
ch := make(chan int)
// 开启一个线程，计算数据集 dataset 前半部分之和
go sum(dataset [:len(dataset)/2], ch)
// 开启另一个线程，计算数据集 dataset 后半部分之和
go sum(dataset [len(dataset)/2:], ch)
// 从通道 ch 中接收数据
x, y := <-ch, <-ch
fmt.Println(x, y, x+y)
}
```

程序开启了 2 个 goroutine 运行线程，分别计算数据集 dataset 的前半部分和后半部分之和，并送到通道 ch 中。在 goroutine 完成计算后，再计算两个线程的结果之和。程序的运行结果为：

```
15  6  21
```

【例 4-15】用 select 语句处理 I/O 操作。

select 语句会进行阻塞，直到其中一种 case 可以运行，然后执行该 case。如果多个 case 都可以执行，它会随机地选出一个 case 执行，而其他 case 不会执行。如果没有可以执行的 case，则会运行 default 默认情况。但是如果没有 default 语句，则会阻塞直到某个通道操作成功为止。

```
package main
import (
  "fmt"
  "time"
)
func main() {
  start := time.Now()
  c := make(chan interface{})
  ch1 := make(chan int)
  ch2 := make(chan int)

  // 激活一个 goroutine，4 秒后发送数据
  go func() {
    time.Sleep(4 * time.Second)
    close(c)
  }()

  // 激活一个 goroutine，3 秒后发送数据
  go func() {
    time.Sleep(3 * time.Second)
    ch1 <- 3
  }()

  // 激活一个 goroutine，3 秒后发送数据
```

```
    go func() {
        time.Sleep(3 * time.Second)
        ch2 <- 5
    }()

    fmt.Println("开始阻塞...")

    select {
    case <-ch0:
        fmt.Printf("%v 后解锁\n", time.Since(start))
    case <-ch1:
        fmt.Printf("执行 ch1 的语句")
    case <-ch2:
        fmt.Printf("执行 ch2 的语句")
    default:
        fmt.Printf("执行默认语句")
    }
}
```

运行代码，时间未到 3 秒，程序会执行 default 的语句，得到运行结果：

```
开始阻塞...
执行默认语句
```

修改代码，将 default 语句加注释：

```
//default:
    //fmt.Printf("default go...")
```

这时，select 语句会被阻塞，直到监测到一个可以执行的 I/O 操作为止。这时会先执行完睡眠 3 秒的 gorountine，此时两个 channel 都满足条件，系统会随机选择一个 case 继续操作。

```
开始阻塞...
执行 ch2 的语句
```

继续修改代码，将 ch1 和 ch2 的 gorountine 休眠时间改为 5 秒：

```
go func() {
    time.Sleep(5 * time.Second)
    ch1 <- 3
}()

go func() {
    time.Sleep(5 * time.Second)
    ch2 <- 5
}()
```

此时会先执行最上面的 gorountine，select 执行的就是 ch0 的语句：

```
开始阻塞...
执行 ch2 的语句
4.0086399s 后解锁
```

【例 4-16】超时判断，查看等待时间超出 2 秒。

```
package main
```

```
import (
    "fmt"
    "time"
)
func main() {
    ch := make(chan int)
    go func(c chan int) {
        // 修改时间后,再查看执行结果
        time.Sleep(time.Second * 1)
        ch <- 1
    }(ch)

    select {
    case v := <-ch:
        fmt.Print(v)
    case <-time.After(2 * time.Second):
        // 等待 2 秒
        fmt.Println("等待时间超过 2 秒")
    }

    time.Sleep(time.Second * 10)
}
```

通过修改等待时间可以看到，如果等待时间超出<2 秒，则输出 1，否则打印“等待时间超过 2 秒”：

```
等待时间超过 2 秒
```

第5章 函数与指针

函数是基本的语句块，它包含了若干连续的执行语句，在程序中通过函数调用来执行。函数能将一个复杂的工作划分成多个更小的模块，便于程序调试和复用，使得多人协作变得更加容易。另外，函数隐藏了实现的细节，调用时只需知道参数和返回值即可。Go语言标准库提供了多种可用的内置函数，用户也可以自己定义函数。

指针是 Go 语言的一个重要概念。指针实际上就是内存地址，描述了数据在内存中的位置。而指针变量是用来存放内存地址的，指针变量的内容存储的是其指向的对象的首地址，指向的对象可以是变量、数组或函数等占据存储空间的实体。通过指针，不仅可以对数据本身，也可以对存储数据的地址进行操作。

5.1　函数的基本概念

函数是基本的语句块，包含连续的执行语句，用于执行一个任务。Go 语言程序至少包含一个 main 函数。

5.1.1　函数声明

Go 语言函数声明格式包含函数名、形参列表、可选的返回值列表以及函数体，其语法形式如下：

```
func FuncName( [ParamList] ) [ReturnList] {
   //函数体
}
```

其中，FuncName 是函数名；ParamList 是形参列表，指定了一组变量的参数名和参数类型，为局部变量，其值由调用者通过实参传递而来；ReturnList 是返回值列表，指定了函数返回值的类型。返回值列表为可选项，当函数返回一个未命名的返回值或没有返回值时，ReturnList 可以省略，有些函数也可为多返回值。

返回值可以像形参一样命名，每个命名的返回值会声明为一个局部变量，并根据变量类型初始化为相应的 0 值。当函数存在返回值列表时，必须显式地以 return 语句结束，除非函数明确不会执行完整个流程，如在函数中抛出宕机异常；或函数体内存在一个没有 break 退出条件的无限循环。

【例 5-1】定义 min 函数，传入两个整型参数 num1 和 num2，返回这两个参数的最小值。

```
func min(num1, num2 int) int {
   //定义局部变量 result
   var result int
   if num1 < num2 {
      result = num1
   } else {
      result = num2
   }
   return result //返回函数值
}
```

5.1.2　函数调用

定义函数之后，可以通过调用函数来执行指定任务。每次函数调用都必须提供实际参数（简称实参）来对应函数的每一个形式参数（简称形参），并且传入的实参也必须与形参的顺序一致。

【例 5-2】函数调用实例。

```
package main
import "fmt"
func main() {
   //定义局部变量 x,y 并赋值，作为实参传入
   var x int = 100
```

```
    var y int = 200
    var ret int
    //调用函数min()，并返回最大值给变量
    ret = min(x, y)
    fmt.Printf("最小值是：%d\n", ret)
}
```

程序运行结果为：

```
最小值是：100
```

每个 GO 程序都是从 main 包中的 main 函数开始执行的，当 main 碧波九返回时，程序执行结束。

5.1.3 初始化函数

Go 语言有两个特殊的函数：main 函数和 init 函数，它们有一个共同点，就是在定义它们时不能有任何的参数和返回值。Go 语言会自动调用 init 函数和 main 函数，所以不需要在任何地方显示调用这两个函数。

init 初始化函数主要用于初始化那些不能被初始化表达式完成初始化的变量。程序初始化顺序为：首先对全局变量进行初始化，然后执行 init 函数，再执行 main 函数。

【例 5-3】 init 函数的使用。

```
package main
import "fmt"

var T int64 = myFunc()

func myFunc() int64  {
   fmt.Println("It's my function")
   return 0
}

func init() {
   fmt.Println("Hello World!")
}

func main() {
   fmt.Println("It's main function")
}
```

程序运行结果为：

```
It's my function
Hello World!
It's main function
```

根据程序初始化顺序，程序先对全局变量 T 进行初始化，执行语句：

```
var T int64 = myFunc()
```

执行 myFunc 函数，显示：

```
It's my function
```

然后执行 init 函数，显示：

```
Hello World!
```

最后执行 main 函数，显示：

```
It's main function
```

5.2　函数的参数传递

当进行函数调用的时候，要给出与函数形参个数相同的实参数，在程序运行的过程中，实参会将参数值传递给形参，这就是函数的参数传递。

在函数定义中出现的形参没有数据，只能等到函数被调用时接收传递进来的数据。在函数传递参数过程中，形参就像定义在函数体内的局部变量。在调用函数时，可以通过值传递和引用传递两种方式来传递参数。

5.2.1　值传递

值传递是指在调用函数时将实参复制一份副本传递到函数的形参中，这样在函数中如果对形参进行修改，将不会影响到调用者提供的实参。默认情况下，Go 语言使用的是值传递，即在调用过程中不会影响到实参。

【例 5-4】定义一个 swap 函数，交换两个变量的数据，并在 main 函数中通过值传递的方式调用 swap 函数。

```
package main
import "fmt"
func main() {
   //定义局部变量
   var a int = 10
   var b int = 20
   fmt.Printf("交换前 a 的值为：%d\n", a)
   fmt.Printf("交换前 b 的值为：%d\n", b)
   //通过值传递的方式调用函数 swap()
   swap(a, b)
   fmt.Printf("交换后 a 的值：%d\n", a)
   fmt.Printf("交换后 b 的值：%d\n", b)
}

//定义相互交换值的函数
func swap(x, y int) int {
   var temp int

   temp = x      //保存 x 的值
   x = y     //将 y 值赋给 x
   y = temp      //将 temp 值赋给 y
}
```

程序运行结果为：

```
交换前 a 的值为 : 10
```

```
交换前 b 的值为 : 20
交换后 a 的值 : 10
交换后 b 的值 : 20
```

可以看到，在例 5-4 中没有得到预期的结果，a 和 b 的值没有实现交换。这是因为 main 函数是通过值传递的方式调用 swap 函数，在 swap 函数内部虽然进行了数据交换，但是在 swap 函数中定义的 a 和 b 是局部变量，因此这种交换的结果并没有传递回主函数。

5.2.2 引用传递

引用传递是在调用函数时将实参的地址传递给形参，因此在函数中对形参所进行的修改将影响到实参。

【例 5-5】指针作为函数参数。

```
package main
import "fmt"
func main() {
    a := 58
    fmt.Println("函数调用之前 a 的值：", a)
    fmt.Printf("%T\n", a)
    fmt.Println("%x\n", &a)
    var b *int = &a
    change(b)
    fmt.Println("函数调用之后 a 的值：", a)
}
func change(val *int) {
    *val = 15
}
```

main 函数中，给变量 a 赋值为 58，而变量 b 存储的是变量 a 的内存地址，并且作为实参传给 change 函数，在 change 函数中，给 b 所指向的变量赋值 15，因此改变了变量 a 的值，如图 5-1 所示。

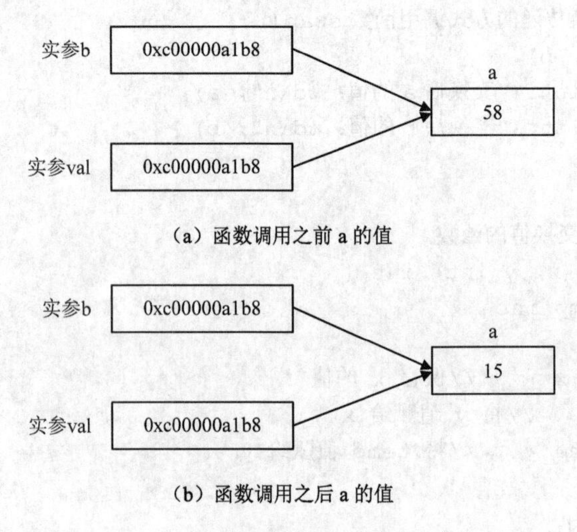

（a）函数调用之前 a 的值

（b）函数调用之后 a 的值

图 5-1 函数调用前后变量的变化

程序运行结果为：

```
函数调用之前 a 的值：58
int
%x
 0xc00000a1b8
函数调用之后 a 的值：15
```

【例 5-6】值传递和引用传递的比较。

```
package main
import "fmt"
func main() {
    num := 1
    fmt.Printf("main 函数变量地址为：%p\n", &num)
    ByValue(num)
    fmt.Printf("值传递后 main 函数变量值为：%d\n", num)
    ByReference(&num)
    fmt.Printf("引用传递后 main 函数变量值为：%d\n", num)
}
func ByValue(numPara int) {
    fmt.Println("值传递函数：")
    fmt.Println("变量地址为:%p\n", &numPara)
    numPara = 100
}
func ByReference(numPara *int) {
    fmt.Println("引用传递函数：")
    fmt.Println("指针变量地址为:%p", &numPara)
    fmt.Println("指针变量所指向地址为:%p", numPara)
    *numPara = 100
}
```

程序运行结果为：

```
main 函数变量地址为：0xc00000a1b8
值传递函数：
变量地址为:0xc00000a1e0
值传递后 main 函数变量值为：1
引用传递函数：
指针变量地址为:0xc000006030
指针变量所指向地址为:0xc00000a1b8
引用传递后 main 函数变量值为：100
```

可以看到，通过值传递，在函数中对变量的任何改变无法传回到 main 函数；而通过引用传递，在函数中对变量的改变可以传回到 main 函数。

【例 5-7】通过引用传递来调用 swap 函数。

```
package main
import "fmt"
func main() {
    //定义局部变量
    var a int = 10
```

```
    var b int = 20
    fmt.Printf("交换前，a 的值：%d\n", a)
    fmt.Printf("交换前，b 的值： %d\n", b)
    //调用 swap () 函数
    //&a 和&b 分别是指向变量 a 和 b 的指针，即变量 a 和 b 的地址
    swap(&a, &b)
    fmt.Printf("交换后 a 的值：%d\n", a)
    fmt.Printf("交换后 b 的值：%d\n", b)
}
func swap(x *int, y *int) {       //定义形参 x、y 为指向整型变量的指针
    var temp int
    temp = *x                     //保存 x 所指向的变量的值，即*x
    *x = *y                       //将 *y 值赋给 *x
    *y = temp                     //将 temp 值赋给 y 所指向的变量
}
```

程序运行结果为：

```
交换前 a 的值：10
交换前 b 的值：20
交换后 a 的值：20
交换后 b 的值：10
```

从运行结果可以看到，a 和 b 成功地进行了数据交换。与值传递进行对比，例子中定义的 swap 函数，传递的形参是指针类型，指向变量地址。同时调用 swap 函数时，使用&取地址符，指向变量的地址，以此实现将 swap 函数中对变量的修改传回给 main 函数。

实际上在 Go 语言中，函数的返回值可能不止一个，可以通过引用传递的方式返回多个值。

5.2.3 参数的作用域

函数的形参是函数的局部变量，初始值由调用者提供的实参传递。函数的形参以及命名返回值同属于函数最外层作用域的局部变量。

【例 5-8】形式参数是函数的局部变量。

```
package main
import "fmt"
func main() {
    //声明局部变量
    var a int = 10
    var b int = 20
    var c int
    fmt.Printf("调用 sum 函数前：\n")
    fmt.Printf("main 函数中 a = %d\n", a)
    fmt.Printf("main 函数中 b = %d\n", b)
    c = sum(a, b)
    fmt.Printf("调用 sum 函数后：\n")
    fmt.Printf("main 函数中 a = %d\n", a)
    fmt.Printf("main 函数中 b = %d\n", b)
```

```
    fmt.Printf("main 函数中 c = %d\n", c)
}
func sum(a, b int) int {
    a=3*a
    b=3*b
    fmt.Printf("sum 函数中 a = %d\n", a)
    fmt.Printf("sum 函数中 b = %d\n", b)
    return a + b
}
```

程序运行结果为：

```
调用 sum 函数前：
main 函数中 a =10
main 函数中 b =20
sum 函数中 a = 30
sum 函数中 b = 60
调用 sum 函数后：
main 函数中 a =10
main 函数中 b =20
main 函数中 c = 90
```

返回值的计算是根据变化后的 a、b 值（即 a=30，b=60）进行计算的，通过 return 语句返回给 main()函数，结果为 c=90；但是，由于 sum()函数的形参 a 和 b 是局部变量，只在 sum 函数中有效，因此 sum 函数中变量 a、b 的改变并不会影响到 main 函数中的变量 a、b。

【例 5-9】从键盘输入两个正整数 m 和 n，判断 m 和 n 之间有多少个素数，并输出所有素数。

素数是指在大于 1 的自然数中，除了 1 和它自身外，不能被其他自然数整除的数。根据素数定义，只需用 2～（n-1）范围的所有数去除 n，如果都除不尽，则 n 是素数；否则，只要其中有一个数能整除则 n 不是素数。定义一个函数 isPrime，根据上述方法去判断一个数是否为素数。

数的区间 m、n 从键盘输入，具有不确定性，因此，当 m>n 时，调用函数 swap 将其对换，使 m<n。

```
package main
import  "fmt"
func isPrime(n int) bool {
      if n == 1{
          return false
      }
      for i:= 2; i < n; i++ {
          if n%i == 0 {
              return false
          }
      }
      return true
}
```

```
func swap(x *int, y *int) {
     var temp int
     temp = *x
     *x = *y
     *y = temp
}
func main(){
     var n int
     var m int
      var t int
     fmt.Scanf("%d%d",&n,&m)
      if m>n{
          swap(&m, &n)
      }
      for i := m; i < n; i++ {
          if isPrime(i) == true {
               fmt.Printf("%d,",i)
               continue
          }
      }
}
```

当从键盘输入 m=1，n=100 时，程序的运行结果为：

```
2,3,5,7,11,13,17,19,23,29,31,37,41,43,47,53,59,61,67,71,73,79,83,89,97
```

5.3 其他函数形式

5.3.1 递归函数

函数直接或间接调用函数自身，则该函数称为递归函数。Go 语言中可以使用递归函数，处理带有递归特性的数据结构。

可以利用递归函数计算 n 的阶乘。根据阶乘的定义，n 的阶乘 factorial(n)可以递归定义为：

```
factorial(n) = n*factorial(n-1)
factorial(n-1) = (n-1)*factorial(n-2)
……
factorial(1) =1*factorial(0)
```

递归函数很重要的一点，就是要设置函数的出口，以结束函数自身递归调用。阶乘函数的出口为：

```
factorial(0) = 1
```

【例 5-10】递归函数的调用，计算 n 的阶乘。

```
package main
import "fmt"
func factorial(n uint64)(result uint64){
   if (n>0){
```

```
            result=n*factorial(n-1)
            return result
        }
        // n=0 时，为递归函数的出口
        return 1
    }
    func main() {
        var i int=9
        fmt.Printf("%d的阶乘是%d\n", i, factorial(uint64(i)))
    }
```

程序运行结果为：

```
9的阶乘是：362880
```

【例 5-11】递归函数的调用，计算斐波那契数列。

斐波那契数列（Fibonacci sequence），又称黄金分割数列，因数学家莱昂纳多·斐波那契（Leonardo Fibonacci）以兔子繁殖为例子而引入，故又称为“兔子数列”，斐波那契数列指的是这样一个数列：1、1、2、3、5、8、13、21、34、55……。在数学上，斐波那契数列可以如下递归方法定义：

```
fibonacci(n) = fibonacci(n-1) + fibonacci(n-2)
fibonacci(n-1) = fibonacci(n-2) + fibonacci(n-3)
……
fibonacci(1)=1
fibonacci(0)=1
```

通过递归函数计算斐波那契数列的程序如下：

```
package main
import "fmt"
func fibonacci(n int) int {
    if (n<2) {
        return 1
    }
    return fibonacci(n-2)+fibonacci(n-1)
}
func main() {
    var i int
    for i=0; i<10; i++{
        fmt.Printf("%d, ", fibonacci(i))
    }
}
```

程序运行结果为：

```
1, 1, 2, 3, 5, 8, 13, 21, 34, 55
```

5.3.2 匿名函数

命名函数只能在包级别的作用域进行声明，但我们可以在任何表达式内使用函数字面量。函数字面量就像函数声明，但在func关键字后面没有函数的名称，它是一个表达式，它的值称为匿名函数。

Go 语言支持匿名函数，匿名函数经常被用于实现回调函数、闭包等。匿名函数的优点在于可以直接使用函数内的变量，不必申明。

匿名函数的定义格式如下：

```
func(ParamList)(ReturnList){
   //函数体
}
```

其中，ParamList 是参数列表，ReturnList 是返回值列表。

【例 5-12】匿名函数的定义，包括定义时调用无参匿名函数、定义时调用有参匿名函数、将匿名函数赋值给变量。

```
package main
import "fmt"
func main() {
   //定义时调用无参匿名函数
   func(data int) {
      fmt.Println("输入数据：", data)
   }(5)
   //定义时调用有参匿名函数
   result := func(data int) int {
      return data * data
   }(5)
   fmt.Println("数据的平方根：", result)
   //将匿名函数赋值给变量
   f := func(data string) {
      fmt.Println(data)
   }
   f("欢迎学习 Go 语言！")
}
```

程序运行结果为：

```
输入数据：5
数据的平方根：25
欢迎学习 Go 语言!
```

闭包是可以包含自由变量的语句块，这些变量不在这个语句块内或者任何全局上下文中定义，而是在定义语句块的环境中定义，要执行的语句块为自由变量提供作用域。

【例 5-13】创建函数 getSequence，在闭包中递增变量 i。

```
package main
import "fmt"
func getSequence() func() int {
   i := 0
   return func() int {
      i += 1
      return i
   }
}
func main() {
```

```
    // nextNumber 为一个函数，变量 i 为 0
    nextNumber := getSequence()
    //调用 nextNumber 函数，变量 i 自增 1 并返回
    fmt.Println(nextNumber())
    fmt.Println(nextNumber())
    fmt.Println(nextNumber())
    //创建新的函数 nextNumber1
    nextNumber1 := getSequence()
    fmt.Println(nextNumber1())
    fmt.Println(nextNumber1())
}
```

程序运行结果为：

```
1
2
3
1
2
```

从例 5-13 的显示结果可以看出，闭包延长了局部变量的生命周期，比如匿名函数内的变量 i 一直未被销毁，每次执行闭包，变量 i 都保存着上一次运行后的值。另外，闭包能让函数外部对内部的局部变量进行操作，比如 main 函数通过匿名函数对局部变量 i 进行了自增操作。可以简单理解为闭包和外层局部变量 i 均为闭包结构，闭包不会随着执行结束而自行销毁，这就导致局部变量 i 未被销毁。

5.3.3 变参函数

函数中形式参数的数目通常是确定的，在调用的时候要依次传入与形式参数对应的所有实际参数，但某些函数的参数个数可以根据实际需求来确定，这就是变参函数。

可变参数也就是不定长参数，支持可变参数列表的函数可以支持任意个传入参数。

Go 语言支持不定长变参，但是不定长参数只能作为函数的最后一个参数出现，而不能放在其他参数的前面。

变参函数的声明如下：

```
func FuncName(VarParam … Type) ReturnList{
    //函数体
}
```

其中，FuncName 是函数名，VarParam 是可变参数，ReturnList 是返回值列表。Type 表示具体的参数归属类型，可以是 int，string 等，甚至是 interface。不定长变参的实质就是一个切片，可以用 range 遍历。例如：

```
func f(args …int){
    for _, arg := range args{
        fmt.Println(arg)
    }
}
```

fmt.Println 函数就是一个支持可变长参数列表的函数。

【例 5-14】fmt.Println 函数的使用。

```
package main
import "fmt"
func Greeting(who ...string) {
   for k, v := range who {
      fmt.Println(k, v)
   }
}
func main() {
   s := []string{"Bob", "Jone"}
   //切片 s…，把切片打散传入，与 s 具有相同底层数组的值
   Greeting(s…)
}
```

程序运行结果为：

```
0 Bob
1 jone
```

5.3.4 多返回值

Go 语言支持多返回值，也就是说，一个函数能返回不止一个结果。例如，很多标准包的函数返回 2 个值，一个是期望得到的返回值，另一个是函数出错时的错误信息。

【例 5-15】具有多返回值的函数。

```
package main
import "fmt"
func mulReturn() (a int, b int, c int) {
    return 1, 2, 3
}
func main() {
    a, b, c := mulReturn()
    fmt.Printf("a = %d, b = %d, c = %d\n", a, b, c)
}
```

可以看到，程序中定义的 mulReturn 函数声明了 3 个 int 类型的返回参数 a、b、c。返回参数不是必需的，也可以写成：

```
func mulReturn() (int, int, int)
```

程序运行结果为：

```
a = 1, b = 2, c = 3
```

5.4 指 针

5.4.1 指针的概念

指针变量实际上是一种占位符，用于引用计算机内存地址。一个指针变量可以指向任何一个值的内存地址，指针变量在 32bit 计算机上占用 4B 内存，在 64bit 计算机上占用 8B 内存，并且与它所指向的值的大小无关，因为指针变量只是地址的值而已。

Go 语言的取地址符是&，放到一个变量前使用就会返回相应变量的内存地址。

【例 5-16】利用取地址符&显示变量在内存中的地址。

```
package main
import "fmt"
func main() {
   var a int = 10
   fmt.Printf("变量的地址：%x\n", &a)
}
```

程序运行结果为：

```
变量的地址：c00000a1b8
```

当获取到内存地址后，就可以利用指针去访问它，也就是说，一个指针变量指向了一个值的内存地址。

在使用指针之前需要声明指针，可以声明指针指向任何类型的值来表明它的结构性。指针声明格式如下：

```
var ptrName *ptrType
```

其中，ptrName 是指针变量名，ptrType 是指针的基类型。指针的基类型是指针指向的变量类型。以下列举的是一些有效的指针声明，如指向 int 和 float32 的指针，int 和 float32 是指针的基类型。

```
var iptr *int              //声明指向 int 的指针变量 iptr
var fptr *float32          //声明指向 float32 的指针变量 fptr
```

定义了指针变量后，就可以为指针变量赋值，并访问指针变量指向地址中的值。在指针类型的前面加上*号，如*ptr，可以获取指针变量指向地址中的内容，这称为反向引用。

【例 5-17】指针变量的声明和使用。

```
package main
import "fmt"
func main() {
   var a int = 10          //声明整型变量 a
   var iptr *int           //声明指针变量 iptr
   iptr = &a               //指针变量指向变量 a 的内存地址
   fmt.Printf("变量 a 的内存储地址： %x\n", &a)
   fmt.Printf("变量 iptr 储存的指针地址：%x\n", iptr)
   //使用指针访问变量
   fmt.Printf("*iptr 的值：%d\n", *iptr)
}
```

程序运行结果为：

```
变量 a 的地址：c00000a1b8
变量 iptr 储存的指针地址：c00000a1b8
*iptr 的值：10
```

程序中先定义了 int 型指针变量 iptr，然后将变量 a 的内存地址赋值给 iptr，最后通过*iptr 访问指针变量 iptr 指向的变量 a。

下面定义一个整型指针数组，其中每个元素都指向一个值。

【例 5-18】定义一个指针数组。

```
package main
```

```
    import "fmt"
    const MAX int = 3
    func main() {
      a := []int{10, 100, 200}       //定义一个长度为 3 的整型数组
      var i int
      var ptr [MAX] *int             //声明整型指针数组
      for i = 0; i < MAX; i++ {
        ptr[i] = &a[i]               //将整型数组元素地址赋值给指针数组
      }
      for i = 0; i < MAX; i++ {
        fmt.Printf("a[%d] = %d\n", i, *ptr[i])
      }
    }
```

程序运行结果为：

```
a[0] = 10
a[1] = 100
a[2] = 200
```

可以看到，Go 语言指针可以传递一个变量的引用作为函数参数。也就是说，Go 语言允许向函数传递指针，将函数定义的参数设置为指针类型即可。

5.4.2 空指针

在定义指针变量后，还没有对其进行赋值，此时它的值为 nil，即空指针，指代零值或空值。

【例 5-19】空指针。

```
package main
import "fmt"
func main() {
  var ptr *int

  fmt.Printf("ptr 的值为：%x\n", ptr)
}
```

程序运行结果为：

```
ptr 的值为：0
```

从运行结果可以看出，空指针默认值是 0。值得注意的是，对一个空指针的反向引用是不合法的，并且会使程序崩溃。

【例 5-20】空指针的反向引用。

```
package main
func main() {
   var p *int = nil
   *p = 10
}
```

程序会崩溃报错：

```
panic: runtime error: invalid memory address or nil pointer dereference
```

因此，在程序中使用指针时，应对空指针进行判断。对空指针的判断方法，可以采

用 if 判断方法，例如：

```
if(ptr != nil)      //ptr 不是空指针
if(ptr == nil)      //ptr 是空指针
```

5.4.3　指向指针的指针

如果一个指针变量中存放的是另一个指针变量的地址，则称这个指针变量为指向指针的指针变量。其中第一个指针存放第二个指针的地址，第二个指针存放变量的地址。

Go 语言支持指向指针的指针，指向指针的指针变量声明格式如下：

```
var ptrName **ptrType
```

其中，ptrName 是指针变量名，ptrType 是数据基类型。例如：

```
var pptr **int;
```

定义了一个指向指针的指针变量 pptr，它存放的是另一个指针*pptr 的地址，而指针*pptr 存放的是 int 变量的地址，如图 5-2 所示。

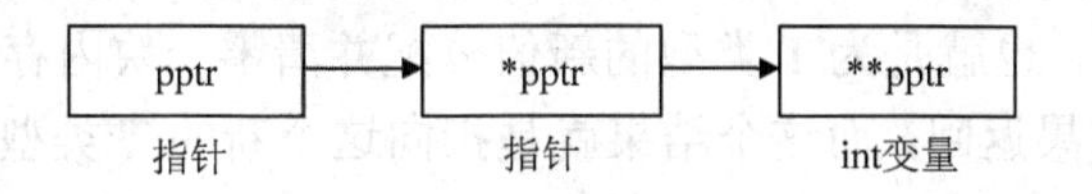

图 5-2　指向指针的指针

【例 5-21】指向指针的指针。

```
package main
import "fmt"
func main() {
   var a int              //定义一个整型变量
   var ptr *int           //定义一个指向整型变量的指针
   var pptr **int         //定义一个指向指针的指针
   a = 100
   //指针 ptr 指向变量 a 的地址
   ptr = &a
   //pptr 指向指针 ptr 地址
   pptr = &ptr
   fmt.Printf("变量 a = %d\n", a)
   fmt.Printf("指针变量 *ptr = %d\n", *ptr)
   fmt.Printf("指向指针的指针变量 **pptr = %d\n", **pptr)
}
```

程序运行结果为：

```
变量 a = 100
指针变量 *ptr = 100
指向指针的指针变量 **pptr = 100
```

虽然 Go 语言和 C、C++这些语言一样，都有指针的概念，但是指针运算在语法上是不被允许的，这样做可以保证内存的安全。从这一点看，Go 语言的指针基本就是一种引用，即可以传递一个变量的引用，如函数的参数。在调用函数时，如果参数是基础类型，传进去的值，实际上是参数的副本，而参数是引用类型的话，传进去的是引用。指针的传递成本非常低，并且与它指向的值的大小无关，因为指针变量是地址的值。

指针的合理使用能避免大量数据的复制，减少内存的消耗，提高程序的运行效率。但是指针不是一劳永逸的，频繁使用指针会导致性能下降，指针的嵌套使用会使程序结构不清晰。

5.5 内 存 管 理

内存管理中的内存区域，一般包括栈内存和堆内存。栈内存主要用来存储当前调用栈用到的简单数据类型，这些类型较少占用内存，容易回收。而堆内存中存储复杂的复合类型，占用的内存比较大，回收难度也加大，这时使用指针，以避免较高成本的复制。

new 函数和 make 函数都在堆上分配内存，下面进行简单介绍。

1. new 函数

new 函数用于值类型的内存分配，并且置为 0 值。new(T)将创建一个 T 类型的匿名变量，并返回其地址，也就是为 T 类型的新值分配并清零一块内存空间，然后将这块内存空间的地址作为结果返回，而这个结果就是指向这个新的 T 类型值的指针值，返回的指针类型为*T。

使用 new 函数，无须担心其内存的生命周期或怎样将其删除，因为 Go 语言的内存管理系统会进行处理。

【例 5-22】new 函数的使用。

```
package main
import "fmt"

func main() {
  var p *int
  // p是*int, 指向 int 类型
  p = new(int)
  *p = 6
  fmt.Println("*p = ", *p)
}
```

程序运行结果为：

```
*p = 6
```

程序中的语句：

```
var p *int
p = new(int)
```

也可以简写成：

```
p := new(int)
```

这样系统自动推导指针 p 的基类型为 int。

2. make 函数

前面已经介绍了一些 make 函数的使用。make 函数有 3 个参数：

```
make(Type, len, cap)
```

其中，Type 表示数据类型，是必要参数，其值只能是 slice、map、channel 这三种数据类型；len 表示数据类型实际占用的内存空间长度，map、channel 是可选参数，slice 是必要参数；cap 表示数据类型提前预留的内存空间长度，为可选参数。所谓提前预留是指当前为数据类型申请内存空间的时候，提前申请好额外的内存空间，这样可以避免二次分配内存带来的开销，提高程序的性能。

为了更好地理解 make 函数的使用及参数的含义，看看 make 函数的 3 种用法。

1）只传递类型 Type

```
make(map[string]string)
```

这种用法只适合于映射和通道，这里定义了一个映射。只传递类型 Type，而不指定长度 len 和容量 cap 的值。

2）仅指定长度 len，而不指定容量 cap

```
make([]int, 2)
```

这里定义了一个切片，并指定了切片长度 len 的值为 2，而不指定切片的容量 cap。

3）3 个参数都指定

```
make([]int, 2, 4)
```

这里定义了一个切片，并指定了切片长度 len 的值为 2 和容量 cap 的值为 4。

make 函数使用的是动态算法，它向操作系统申请内存，内存的大小就是 cap，当 cap 被占用满后，即 len = cap 了，就需要扩容，需要再去向操作系统申请为当前长度 len 的 2 倍内存，然后将旧数据复制到新内存空间中。

【例 5-23】用 make 函数进行内存扩容。

```
package main
import "fmt"
func main() {
   data := make([]int, 0)
   for i, n := 0, 5; i< n; i++{
      data = append(data, 1)
      fmt.Printf("len=%d, cap=%d\n", len(data), cap(data))
   }
}
```

程序运行结果为：

```
len=1, cap=1
len=2, cap=2
len=3, cap=4
len=4, cap=4
len=5, cap=8
```

for 语句循环了 5 次，当 len == cap 时要进行扩容，动态数组每次扩容都是原来的 2 倍。在第 3 次循环后 len=3, cap=4，所以在第 4 次循环时没有进行扩容。

第6章 Go语言与区块链

2008年，中本聪（Satoshi Nakamoto）在白皮书 *Bitcoin: A Peer-to-Peer Electronic Cash System* 中提出了被称为“比特币”的数字货币，比特币的设计初衷是在不信任环境下进行数字货币的支付，通过哈希函数、非对称加密、签名等密码学方法来实现用户的匿名以及交易的确认，通过共识机制对共同维护的数据达成一致，对信任危机提出了一种新的解决思路。

区块链（blockchain）是比特币的重要底层技术，其去中心化的特点非常适合于对安全性要求很高的领域。区块链相关技术从比特币中抽象出来，是分布式存储、多中心点对点传输、共识机制、加密算法等技术的创新应用模式，它将开创更具颠覆性与变革性的互联网时代，使信息互联网向价值互联网的新时代转变。

6.1 区块链的基础知识

区块链是将已有的分布式计算、共识算法、数据存储、数字加密、P2P网络等技术综合利用，形成的一套去中心化或多中心化的、以区块作为数据存储形式的、利用加密技术保证透明安全的存储机制。多中心化意味着交易都是点对点发生的，不依赖于单一的信用中介；分布式账本意味着交易发生时，负责记账的所有节点都会收到并记录交易信息，且信息基本按时间先后顺序被记录。区块链上所有交易记录都是公开、不可篡改的。

6.1.1 区块链的发展

区块链技术是在 P2P 网络中，用区块的形式打包数据，使区块按时间先后顺序成“链”的形式存储于网络中的相关节点，采用数字加密技术保证数据安全，利用共识算法解决各个存储节点数据一致性问题。区块链综合利用其他相关技术，对外提供具有去中心化、可公开、可信任的数据存储/记录系统。比特币的广泛应用证明了这一技术的可行性，而与之类似的电子货币，以及其他利用区块链技术的各式数据存储系统正雨后春笋般大量出现。

区块链的发展分为3个阶段。

1. 区块链1.0

区块链1.0阶段也称为可编程货币阶段，标志性事件是比特币问世，其最初的应用范围聚焦于货币领域。

2. 区块链2.0

区块链2.0阶段也称为可编程金融阶段。标志性事件是以太坊以及运行在其上的智能合约（smart contract）的问世。智能合约可以自动化地执行、验证合同，全程不需要第三方仲裁机构的参与，是解决互不信任的安全多方计算的有效手段。区块链的应用范围从单一的数字货币扩展到其他金融领域。

智能合约的理念在1995年就已经被法律学者尼克·萨博（Nick Szabo）提出来，但是由于技术问题一直被搁置。区块链很好地解决了智能合约中的技术难题，使得可编程的智能合约可被应用于金融领域。受比特币交易的启发，人们开始尝试将区块链应用到股票、清算、私募股权等金融领域。2015 年被称为区块链元年，自这一年以来，区块链掀起了前所未有的热潮，全球金融机构和各大银行争相展开对区块链技术的研究。花旗银行、德意志银行、汇丰银行等80多家金融机构和监管成员依托R3公司发布的区块链平台Corda组成了R3联盟。2015年10月，纳斯达克在Money20/20大会上宣布上线用于私有股权交易的区块链平台——Linq，避免了人工清算可能带来的错误，同时大大减小了人力成本。同月，Ripple 公司提出跨链协议——Interledger，该协议旨在打造全球统一的支付标准，简化跨境支付流程。区块链技术的应用使金融行业有希望摆脱人工清算、复杂流程、标准不统一等带来的低效和高成本，使传统金融行业发生颠覆性改变。

3. 区块链 3.0

区块链 3.0 阶段也称为可编程社会阶段。区块链与各行各业甚至城市基础设施的结合，形成了各种各样的去中心化应用。

随着区块链的发展，人们根据其特点将区块链应用到各种有需求的领域。例如，应用区块链匿名性特点的匿名投票领域，利用区块链溯源特点的供应链、物流等领域，以及物联网、智慧医疗、智慧城市、5G、AI 等领域。

6.1.2 区块链的分类

根据目前已有的区块链平台，按准入机制可以将区块链分为 3 类：公有链、联盟链、私有链。公有链中所有的节点可自由地加入或退出，而联盟链中的节点必须经过授权才可加入。因此，公有链的节点通常是匿名的，而联盟链需要提供成员管理服务以对节点身份进行审核。

在私有链中，只有来自一个特定组织内部或个人的节点拥有参与共识的权利，一般用于试验项目。

1. 公有链

在公有链中，任何节点无须许可便可自由地加入或退出区块链网络，加入区块链网络的节点可以得到从创世区块到当前区块上的所有数据，全部节点通过共识机制对新区块的产生以及对区块上记录的交易达成一致，共同维护区块链的稳定。

公有链以比特币与以太坊为代表。比特币采用工作量证明（proof of work，PoW）的共识机制，但其仅限于数字货币类型的应用，为此业界推出了多种支持通用应用的区块链平台。公有链中应用最广泛的通用平台是以太坊，Quorum、Monax、DFINITY、HydraChain 和 BCOS 等众多区块链平台都是基于以太坊构建和扩展的。

2. 联盟链

与公有链对所有用户完全开放不同，联盟链只允许授权节点接入网络的半开放式区块链。联盟链针对某些特定群体或机构，通过对节点授权来设置准入门槛，使数据的产生和接触可控，能在一定程度上兼顾数据的多方维护和避免数据泄露。联盟链内部设置记账节点，负责打包交易以及产生新区块，普通节点只负责产生交易和查询交易，没有记账权，避免了 PoW 共识所带来的计算资源、电力资源、存储资源的浪费。因此，联盟链适合彼此已经具有一定信任度的群体或机构使用。

目前，联盟链中应用最广泛、影响力最大的通用平台是超级账本（HyperledgerFabric），其拥有 IBM、Intel、J.P.Morgan 等 130 多个成员，其他的联盟链还有企业以太坊联盟（EEA）、R3 区块链联盟（Corda）、蚂蚁开放联盟链等。

3. 私有链

私有链是三种区块链中权限要求最为严格的类型，其中心化程度也是三种类型中最高的。虽然牺牲了一定的信任，但使得共识算法更加灵活，适合数据保护中隐私性要求高的场景。

表6-1分别从准入机制、数据模型、共识算法、智能合约语言、底层数据库、数字货币几个方面对常用区块链平台进行了对比。

表6-1 常用区块链平台对比

区块链平台	准入机制	数据模型	共识算法	智能合约语言	底层数据库	数字货币
Bitcoin	公有链	基于交易	PoW	基于栈的脚本	LevelDB	比特币
Ethereum	公有链	基于账户	PoW/PoS	Solidity/Serpent	LevelDB	以太币
Hyperledger Fabric	联明链	基于账户	PBFT/SBFT	Go/Java	LevelDB/CouchDB	
Hyperledger Sawtooth	公有链/联盟链	基于账户	PoET	Python		
Corde	联盟链	基于交易	Raft	Java/Kotlin	常用关系数据库	
Ripple	联盟链	基于账户	RPCA		RocksDB/SQLite	瑞波币
BigchainDB	联盟链	基于交易	Quorum Voting	Crypto-Conditions	RethinkDB/MongoDB	
TrustSQL	联盟链	基于账户	BFT-Raft/PBFT	JavaScript	MySQL/MariaDB	

6.1.3 比特币挖矿过程

比特币挖矿的过程就是产生新的数据区块的过程，这个过程需要找到一个使区块头哈希值小于难度目标的随机数Nonce，通过大量试错，直到找到一个合适的值使得其哈希值能满足条件。图6-1给出了比特币的工作流程。

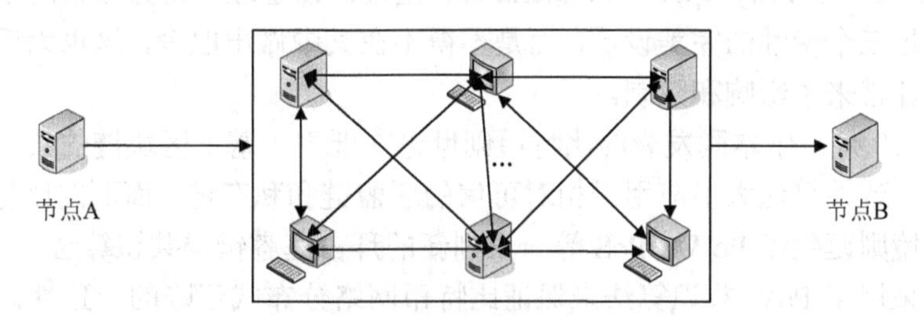

图6-1 比特币的工作流程

节点A与节点B之间发生转账交易，节点A首先将自己的交易广播到网络中的所有节点，节点在收到交易请求后验证节点A的签名，验证通过后将一段时间内接收到的交易组成新的区块，各节点通过PoW共识算法竞争算力来获得新区块的记账权，在节点取得记账权后将该区块发布到网络中，其余节点在监听到新区块后检查区块及交易的正确性，若新区块符合要求则将新区块保存到本地并与之前的区块链接形成区块链，同时作为对矿工消耗的计算、电力等资源的补偿，获得记账权的矿工将得到一定的比特币以及其中的交易费作为奖励。

6.1.4 共识算法

1993 年，美国计算机科学家、哈佛大学教授辛西娅·德沃克（Cynthia Dwork）首次提出了工作量证明思想，用来解决垃圾邮件问题。该机制要求邮件发送者必须算出某个数学难题的答案来证明其确实执行了一定程度的计算工作，从而提高垃圾邮件发送者的成本。1997 年，英国密码学家亚当·伯克（Adam Back）也独立地提出、并于 2002 年正式发表了用于哈希现金（Hash cash）的工作量证明机制。哈希现金也致力于解决垃圾邮件问题，其数学难题是寻找包含邮件接受者地址和当前日期在内的特定数据的 SHA-1 哈希值，使其至少包含 20 个前导零。1999 年，马库斯·雅各布松（Markus Jakobsson）正式提出了“工作量证明”概念。这些工作为后来中本聪设计比特币的共识机制奠定了基础。

1999 年，Barbara Liskov 等提出了实用拜占庭容错算法（practical Byzantine fault tolerance，PBFT），解决了原始拜占庭容错算法效率不高的问题，将算法复杂度由指数级降低到多项式级，使得拜占庭容错算法在实际系统应用中变得可行。

2000 年，加利福尼亚大学的埃里克·布鲁尔（Eric Brewer）教授在 ACM Symposium on Principles of Distributed Computing 研讨会的特邀报告中提出了一个猜想：分布式系统无法同时满足一致性（Consistency）、可用性（Availability）和分区容错性（Partition tolerance），最多只能同时满足其中两个。2002 年，塞斯·吉尔伯特（Seth Gilbert）和南希·林奇（Nancy Lynch）在异步网络模型中证明了这个猜想，使其成为 CAP（consistency，availability，partition tolerance）定理。该定理使得分布式网络研究者不再追求同时满足三个特性的完美设计，而是不得不在其中做出取舍，这也为后来的区块链体系结构设计带来了影响和限制。

2008 年 10 月，中本聪发表的比特币创世论文催生了基于区块链的共识算法研究。传统分布式一致性算法大多应用于相对可信的联盟链和私有链，而面向比特币、以太坊等公有链环境则诞生了 PoW、PoS 等一系列新的拜占庭容错类共识算法。

比特币采用了 PoW 共识算法来保证比特币网络分布式记账的一致性，这也是最早和迄今为止最安全可靠的公有链共识算法。PoW 共识在比特币中的应用具有重要意义，其近乎完美地整合了比特币系统的货币发行、流通和市场交换等功能，并保障了系统的安全性和去中心性。然而，PoW 共识同时存在着显著的缺陷，其强大算力造成的资源浪费（主要是电力消耗）历来为人们所诟病，而且长达 10 分钟的交易确认时间使其相对不适合小额交易的商业应用。

2011 年 7 月，一位名为 Quantum Mechanic 的数字货币爱好者在比特币论坛（www.bitcointalk.org）首次提出了权益证明 PoS 共识算法。随后，Sunny King 在 2012 年 8 月发布的点点币（Peercoin，PPC）中首次实现。PPC 将 PoW 和 PoS 两种共识算法结合起来，初期采用 PoW 挖矿方式以使得 Token 相对公平地分配给矿工，后期随着挖矿难度增加，系统将主要由 PoS 共识算法维护。PoS 一定程度上解决了 PoW 算力浪费的问题，并能够缩短达成共识的时间，因而比特币之后的许多竞争币都采用 PoS 共识算法。

2013年8月，比特股（Bitshares）项目提出了一种新的共识算法，即授权股份证明算法（delegated proof-of-stake，DPoS）。如果说PoW和PoS共识分别是“算力为王”和“权益为王”的记账方式的话，DPoS则可以认为是“民主集中式”的记账方式，其不仅能够很好地解决PoW浪费能源和联合挖矿对系统的去中心化构成威胁的问题，也能够弥补PoS中拥有记账权益的参与者未必希望参与记账的缺点，其设计者认为DPoS是当时最快速、最高效、最去中心化和最灵活的共识算法。

表6-2列出了几种主流共识算法性能对比。

表6-2 主流共识算法性能对比

共识算法	PBFT	PoW	PoS	DPoS
去中心化程度	低	高	高	低
敌手模型	N≥3f+1	N≥2f+1	N≥2f+1	N≥2f+1
吞吐量/（tx/s）	≤3000	≤10	＜1000	＞1000
时延/s	＜10	600	60	

区块链的共识机制，除了基于单一算法的共识机制，还有混合的共识机制，例如，基于PoW与PoS的共识机制。结合PoW与PoS的共识机制有两种类型：一种是浅结合，即第一阶段使用PoW共识机制，达到预定目标后进入第二阶段使用PoS共识机制（不再使用PoW共识机制），每次共识过程中只使用一种共识机制（PoW共识机制或者PoS共识机制），如Ethereum、PPcoin、Blackcoin等；另一种是深结合，即每次共识过程同时使用PoW共识机制和PoS共识机制，如活动证明（proof of activity，PoA）。浅结合类型的共识机制原理、现实世界模型、流程和性能对应每个阶段的单一共识机制；深结合类型的共识机制流程和性能取决于混合共识机制，但由于深结合类型的共识机制模型比较复杂，因此未对应现实世界模型。

共识算法是区块链系统的关键技术之一，已成为当前信息领域的一个新的研究热点，一些新的共识算法仍在不断研究和完善中。区块链共识算法的未来研究趋势将主要侧重于区块链共识算法性能评估、共识算法-激励机制的适配优化以及新型区块链结构下的共识创新等方面。

6.1.5 智能合约

智能合约的概念最早由计算机科学家、密码学家Nick Szabo于1994提出。智能合约有许多非形式化的定义，Nick Szabo创造性地提出，“智能合约就是执行合约条款的可计算交易协议”，以太坊的智能合约是基于区块链的数字资产控制程序。狭义来讲，智能合约是涉及相关商业逻辑和算法的程序代码，把人、法律协议和网络之间的复杂关系程序化了。广义来讲，智能合约是一种计算机协议，一旦部署就能实现自我执行和自我验证。

但是，由于早期的技术和使用场景的限制，智能合约并未引起研究者的广泛关注，直到比特币的底层技术——区块链的出现，才使人们发现区块链的去中心化、可信执行环境完美契合智能合约，智能合约同样也为区块链提供了可编程性，拓展了区块链的应用前景。2013年年末，以太坊创始人Buterin Vitalik Buterin发表了以太坊白皮书，将智能合约应用到区块链中，拓宽了区块链技术在除数字货币之外的应用场景，智能合约不仅仅局限于金融领域，并且在分布式计算、物联网等领域都有广阔的应用前景。

智能合约的运作机理如图 6-2 所示。通常情况下，智能合约经各方签署后，以程序代码的形式附着在区块链数据（如一笔比特币交易）上，经 P2P 网络传播和节点验证后记入区块链的特定区块中。智能合约封装了预定义的若干状态及转换规则、触发合约执行的情景（如到达特定时间或发生特定事件等）、特定情景下的应对行动等。区块链可实时监控智能合约的状态，通过核查外部数据源，确认满足特定触发条件后激活并执行合约。

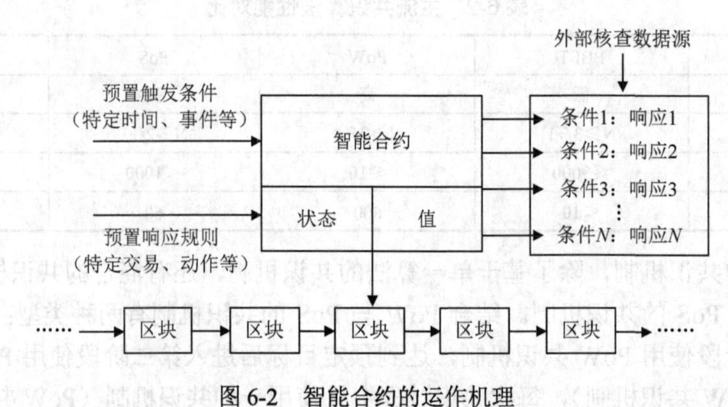

图 6-2 智能合约的运作机理

智能合约的执行是基于“事件触发”机制的。基于区块链的智能合约都包含事务处理和保存机制以及一个完备的状态机，用于接受和处理各种智能合约。智能合约会定期遍历每个合约的状态机和触发条件，将满足触发条件的合约推送至待验证队列。待验证的合约会扩散至每一个节点，与普通区块链交易一样，节点会首先进行签名验证，以确保合约的有效性，验证通过的合约经过共识后便会成功执行。整个合约的处理过程都由区块链底层内置的智能合约系统自动完成，公开透明，不可篡改。

以太坊和 Hyperledger Fabric 是目前较为成熟且极具代表性的智能合约技术平台，具备图灵完备的开发脚本语言，使得区块链能够支持更多的金融和社会系统的智能合约应用。

6.2 区块链的数据结构

6.2.1 区块链结构

在区块链中，区块是存储有价值信息的块。例如，比特币区块用于存储交易。除此之外，区块还包含一些其他的信息，如区块链的版本、当前时间戳和前一区块的哈希值。

一个区块由区块头和区块体组成，常见的区块链结构如图 6-3 所示。每个区块链都有一个特殊的头区块，即创世区块，不管从哪个区块开始追溯，最终都会到达这个创世区块。比特币的创世区块在北京时间 2009 年 1 月 4 日 02:15:05 被中本聪生成，是比特币诞生的里程碑。中本聪在比特币创世区块中留下了一句话“The Times 03/Jan/2009

Chancellor on brink of second bailout for bank”，是当天的头版文章标题。

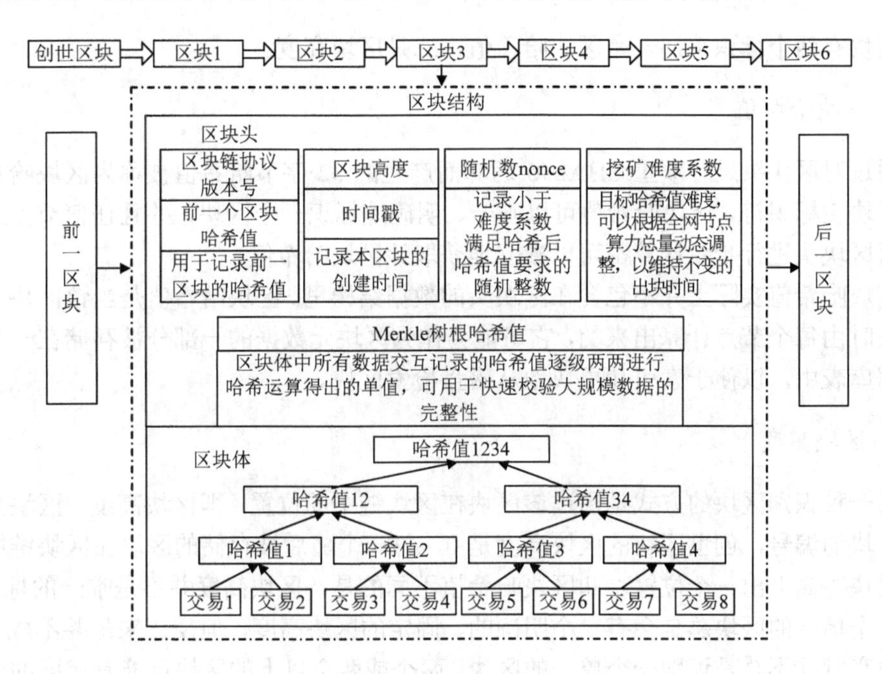

图 6-3 区块链结构

从图 6-3 可以看到，除了创世区块外，所有区块均包含前一区块的哈希值，在逻辑上使区块链接起来，同时保证了区块的不可篡改性。要想更改某个区块中的内容，必须将它后面所有区块的哈希值全部更改，由此前后形成一条不可篡改、可追溯的区块链。时间戳表明了区块形成的大致时间，使区块能够按照时间顺序排列。区块体中存放着交易数据，包含了一个区块的完整交易信息，以 Merkle 树的形式组织在一起。

区块头设计是整个区块链设计中极为重要的一环，区块头由区块链协议版本号、前一个区块哈希值、Merkle 根、时间戳、目标难度、随机值等组成（表 6-3），包含了整个区块的信息，可以唯一标识出一个区块在链中的位置，还可以参与交易合法性的验证，同时体积小（一般不到整个区块的千分之一），为轻量级客户端的实现提供保证。

表 6-3 区块头结构

字段名	字段大小	功能说明
区块链协议版本号	4 字节	用来标识交易版本和所参照的规则
父区块哈希值	32 字节	即前一个区块哈希值，这个哈希值通过对前一个区块的区块头数据进行哈希计算得出，即 SHA256[SHA256(父区块头)]
时间戳	4 字节	记录该区块的生成时间，精确到秒。每诞生一个新的区块，就会被盖上相应的时间戳，这样就能保证整条链上的区块都按照时间顺序进行排列
难度系数	4 字节	该区块工作量证明算法的难度目标
随机数	4 字节	为了找到满足难度目标所设定的随机数
Merkle 根	32 字节	该区块中交易的 Merkle 根的哈希值

6.2.2 区块链标识符

区块有两个标识符：一是区块哈希值，二是区块高度。

1. 区块哈希值

通过对区块头进行双重 SHA256 运算而产生的 32 字节哈希值被称为区块哈希值，也是区块主标识符。区块哈希值可以唯一、明确地标识一个区块，并且任何节点通过简单地对区块头进行哈希计算都可以独立地获取该区块哈希值。

区块哈希值实际上并不包含在区块头的数据结构里。区块哈希值是当该区块从网络被接收时由每个节点计算出来的，它可能会作为区块元数据的一部分被存储在一个独立的数据库表中，以便于索引和更快地从磁盘检索区块。

2. 区块高度

另一种识别区块的方式是通过该区块在区块链中的位置，即区块高度。区块高度指的是区块的编号，创世区块的区块高度是 0，每一个随后被存储的区块在区块链中都比前一区块“高”出一个位置。和区块哈希值不同的是，区块高度并不是唯一的标识符。虽然一个单一的区块总是会有一个明确的、固定的区块高度，但反过来却并不成立，一个区块高度并不总是识别一个单一的区块。两个或两个以上的区块可能有相同的区块高度，在区块链里争夺同一位置，即区块分叉。

区块高度也不是区块数据结构的一部分，它并不被存储在区块里。区块高度也可作为元数据存储在一个索引数据库表中以便快速检索。

6.2.3 区块链的数据结构

定义一数据类型 Block 表示区块，包括区块标识符 Index、时间戳 TimeStamp、父区块哈希值 PreHash、当前区块哈希值 HashCode、数据交易信息 Data、难度系数 Diff 和随机数 Nonce 等字段。

这里用区块高度作为区块标识符。

```
type Block struct {
  BlockNum  int           //区块标识符
  TimeStamp string        //时间戳
  PreHash string          //父区块哈希值
  HashCode string         //当前区块哈希值
  Data string             //交易数据信息
  Diff  int               //目标难度系数
  Nonce  int              //随机数
}
```

定义一数据结构 BlockChain 表示区块链，用数组来存储区块链。

```
//区块链结构体定义
type BlockChain struct {
  Block []*Block
}
```

6.3　哈希函数与Merkle树

6.3.1　区块链中的哈希函数

在区块链中，哈希用来保证区块的一致性。哈希算法中输入的数据包含前一区块的哈希值，因此区块链中的区块数据具有不可篡改性。

每一个区块生成都要计算哈希值。例如，区块在记账时把序号、记账时间、交易记录等作为原始信息进行哈希运算，得到一个哈希值，如 787635ACD，这样区块信息和哈希值组合在一起就构成了第 1 个区块：

Hash(序号 0, 记账时间, 交易记录) = 787635ACD

在第 2 个区块中，会把前一个区块的哈希值和当前的区块信息一起作为原始信息进行哈希运算，即：

Hash(前一个区块的哈希值, 序号 1, 记账时间, 交易记录) = 456635BCD

这样第 2 个区块不仅包含了本区块的信息，还包含了第 1 个区块的信息。依次按照此方法继续生成新区块，那么最新的区块总是包含了所有之前的区块信息。

通过这样的链式结构，所有这些区块组合起来形成的区块链就构成了一个便于验证的数据结构。在已知一个区块的情况下，可以一直追溯到第 1 个区块。只要验证最后一个区块的哈希值就相当于验证了整个区块链，具有不可篡改性。如果篡改区块链中的一个交易信息，势必导致本区块的哈希值发生变化，这样会影响整条区块链，在验证时无法通过。

6.3.2　哈希函数的计算

哈希函数的计算是区块链中必不可少的一环，Go 语言被作为区块链程序设计的首选语言，其原因之一是它提供了对哈希函数的支持。Go 语言的 crypto 标准包包含了一些常用的哈希算法，如 md5、sha1、sha256、sha512 等。其中 sha1 实现了 SHA1 算法，sha256 实现了 SHA224 和 SHA256 算法，sha512 实现了 SHA384 和 SHA512 算法。

下面以 sha1 算法为例，介绍在 Go 语言中如何生成哈希值。

【例 6-1】哈希函数的计算。

```
package main
import (
   "crypto/sha1"
   "fmt"
)
func calculateHash(s[]byte) []byte {
   // 计算哈希值
   h := sha1.New()
   h.Write([]byte(s))
   hash:= hash.Sum(nil)
   return hash
}
func main() {
```

```
        data := []byte("this is test, hello world, keep coding")
        // 计算哈希值并打印
        fmt.Printf("%x\n", sha1.Sum(data))


        // 计算哈希值
        hash := calculateHash(data)
        fmt.Printf("%x\n", hash)
    }
```

程序运行结果为：

```
a17b4a110495e1c4708fa033db89d6f6133d6a48
a17b4a110495e1c4708fa033db89d6f6133d6a48
```

在例 6-1 中用 2 种方法计算哈希值。一种方法是直接使用 sha1 包中的 Sum 函数计算得到 20 字节的哈希值；另一种方法是调用 calculateHash 函数。在 calculateHash 函数中，先用 New 函数得到一个使用 SHA1 算法进行校验的 hash.Hash 接口，然后再用 Write 函数写入要处理的字节，最后用 Sum 函数计算数据 data 的 SHA1 校验和。

【例 6-2】区块链中哈希值的计算。

在区块链中使用的是 SHA512 算法。重新定义例 6-1 中的 calculateHash 函数，计算区块 block 的哈希值。

```
func calculateHash(block Block) string {
    //计算区块 block 的哈希值
    data := strconv.Itoa(block. BlockNum) + block.TimeStamp +
      strconv.Itoa(block.Nonce)+block.PreviousHash + block.Data
    sha :=sha256.New()
    sha.Write([]byte(data))
    hashed := sha.Sum(nil)
    return hex.EncodeToString(hashed[:])
}
```

6.3.3 Merkle 树

1. Merkle 树的概念

1979 年，Merkle 提出了哈希可信树的概念，目的是解决多重签名的问题。Merkle 可信树被广泛应用到信息安全的各个领域，如数字签名、密钥管理和区块链等。而且 Merkle 树本身的安全性主要依赖于哈希函数的安全性，而哈希函数的安全性早已被证明，这就保证了基于哈希函数的 Merkle 树的应用更加安全、实用。

Merkle 树是区块链技术的重要组成部分，它将已经运算为哈希值的交易信息按照二叉树形结构组织起来，保存在区块体中，其作用是保存区块链中所有的交易信息。这些交易信息通过 Merkle 树的哈希过程生成唯一的 Merkle 根并记入区块头，而区块体中叶子节点是交易信息的哈希值。

比特币的每个区块中都会保存数千个交易信息，如此巨大的交易数量导致了对交易的查找和验证都很困难。由于 Merkle 树本身验证叶子节点的高效率，用所有交易信息生成一棵 Merkle 树是一个非常好的选择。Merkle 树的构建过程是一个递归计算哈希值的过程，以图 6-3 为例，交易 1 经过 SHA256 计算得到哈希值 1，同样交易 2 经过 SHA256 计算得到哈希值 2，将 2 个哈希值连接起来，再做 SHA256 计算，得到哈希值 12。以此类推，这样一层层地递归计算哈希值，直到最后剩下一个根，这就是 Merkle 根。可以看到，Merkle 树的可扩展性很好，不管交易记录有多少，最后都可以产生 Merkle 树以及定长的 Merkle 根值。同时，Merkle 树的结构保证了查找的高效性，这种高效在大交易规模中优势异常明显。

在比特币中生成 Merkle 树使用的哈希算法是 SHA256，而且为了保证安全性进行了两次哈希计算，因此比特币中的哈希算法也被称为 double-SHA256。

2. Merkle 树的生成

Merkle 树实质上是一棵二叉树，树的每个叶子节点都对应了一个数据的哈希值。对于任何一个非叶子节点，其值是由其左右子节点中的哈希值经过连接之后进行哈希计算得到的。因为 Merkle 树是二叉树，所以它需要偶数个叶子节点。如果只有奇数个数据，那么最后的数据就会被复制一次，以构成偶数个叶子节点，这种树也被称为平衡树。

【例 6-3】简单模拟 Merkle 树的生成。

首先导入开发包，并定义默克尔树的结构。每个默克尔树节点包含左右节点指针、数据 Data 和其哈希值 Hash。通过左右节点指针，每个节点都可以连接到其子节点，并依次连接到其子孙直至叶子节点。MerkleTree 只包含一个根节点 RootNode。

```
package main
import(
    "fmt"
    "cropto/sha256"
    "bytes"
)

//定义 Merkle 树的节点结构
type MerkleNode struct{
    Left *MerkleNode                //指向左子树
    Right *MerkleNode               //指向右子树
    Data []byte                     //节点的值
    Hash []byte                     //节点的哈希值
}

//定义 Merkle 树的结构
type MerkleTree struct{
    // Merkle 根
    RootNode *MerkleNode
}
```

定义 NewMerkleNode 函数，创建 Merkle 树的新节点。NewMerkleNode 函数是一个通用的节点构造函数，既支持中间节点，也支持叶子节点。

创建新节点时，首先判断是不是叶子节点，如果是叶子节点，则其左右子树均为空，对交易数据 Data 进行哈希运算得到叶子节点的 Hash 值；当创建非叶子节点时，将左右子节点的 Hash 数据拼接得到 Data，然后对 Data 进行哈希运算得到新节点的 Hash 值。

```
//创建 Merkle 树的节点
func NewMerkleNode(left,right *MerkleNode, data []byte) *MerkleNode{
    mNode := MerkleNode{}

    //如果左子树 left 或右子树 right 为空，则对应叶子节点，即数据节点
    if left == nil && right == nil {
        mNode.Data = data
        hash := sha256.Sum256(data)
        mNode.Hash= hash[:]
    }else {
        //将左右节点的哈希值连接起来，并计算其哈希值
        prevHashes := append(left.Hash,right.Hash...)
        hash := sha256.Sum256(prevHashes)
        mNode.Hash = hash[:]
        mNode.Data = prevHashes [:]
    }

    // 给左右子树赋值
    mNode.Left = left
    mNode.Right = right

    return &mNode
}
```

定义 NewMerkleTree 函数，构建构建 Merkle 树。

用所给的交易数据 data 去生成一棵默克尔树时，data 为叶子节点，必须保证叶子节点的数量为偶数，如果不是偶数，则需要将 data 的最后一个交易数据复制一份，使交易数据个数为偶数。

叶子节点两两进行哈希运算，并连接形成新节点；新节点继续两两进行哈希运算，并连接生成新节点，以此类推，直至最后只剩一个节点，即默克尔根节点。

```
func NewMerkleTree(data [][]byte) *MerkleTree  {
    // 用 MerkleNode 类型的切片保存全部数据节点。
    var nodes []MerkleNode

    //左右子树缺失的情况
    //如果数据个数不为偶数，将最后一个数据拷贝一次，使数据个数为偶数
    if len(data) % 2 != 0 {
        data = append(data, data[len(data) - 1])
    }

    for _, dataitem := range data {
        node := NewMerkleNode(nil, nil, dataitem)
        nodes = append(nodes, *node)
    }
```

```
    // 构建 Merkle 树
    for i := 0; i<len(data)/2; i++ {
        var newNodes []MerkleNode

        for j := 0; j < len(nodes); j += 2 {
            node := NewMerkleNode(&nodes[j], &nodes[j+1], nil)
            newNodes = append(newNodes , *node)
        }

        nodes = newNodes
    }

    // 构建 Merkle 树
    mTree := MerkleTree{&nodes[0]}

    return &mTree
}
```

3. Merkle 树的遍历

Merkle 树的遍历算法是指计算并按序输出每个叶子节点认证路径的算法。认证路径，是指叶子节点到根节点下一层节点的兄弟节点路径。

目前比较完善的 Merkle 树的遍历算法有三种：Classic 遍历算法、Log 遍历算法和 Fractal 遍历算法。这三种遍历算法均分为三个阶段，分别为密钥生成阶段、路径输出阶段和认证阶段，三个阶段的具体任务描述如下。

（1）密钥生成阶段：计算树的根值，初始认证路径和即将验证的节点值。

（2）路径输出阶段：依次输出每个叶子节点值和其认证路径，并更新树的结构，改变存储结构，为输出下一叶子节点的值和认证路径做准备。

（3）认证阶段：对给定的叶子节点值，设 N 为叶子节点数，按照所存储的认证路径，经过 $\log_2(N)$ 次哈希计算，得到根节点值，并与给定根值进行比较，若一致，则认为该节点值是真实存在于此 Merkle 树中的，否则，给定节点为伪造数据，不存在此棵树中。

【例 6-4】简单模拟 Merkle 树的遍历。

递归定义遍历 Merkle 树的函数 travMerkleTree。

```
func travMerkleTree(root *MerkleNode)  {
    //
    if root == nil{
        return
    }else{
        //打印节点信息
        PrintNode(root)
    }
    // 递归调用对左子树进行处理
    travMerkleTree(root.Left)
```

```
        // 递归调用对右子树进行处理
        travMerkleTree(root.Right)
    }
```

在函数 travMerkleTree 中调用 PrintNode 函数，打印节点信息。PrintNode 函数定义如下：

```
func PrintNode(node *MerkleNode){
    fmt.Printf("%p\n", node)
    if node !=nil{
        fmt.Printf("left[%p], right[%p], data(%x),hash(%x)\n",
                    node.Left, node.Right, node.Data,node.Hash)
    }
}
```

4. 主函数的定义

在主函数中进行初始化赋值，并调用 NewMerkleTree 函数构建 Merkle 树。

```
func main(){
    data := [][]byte{
        []byte("trade1"),
        []byte("trade2"),
        []byte("trade3"),
        []byte("trade4"),
    }

    tree := NewMerkleTree(data)
    travMerkleTree(tree.RootNode)
}
```

在遍历时可以增加检查的步骤，即将左右子树的 Hash 值串联起来并计算哈希值，与父节点的 Hash 值进行比较。check 函数定义了这个过程：

```
func check(node *MerkleNode) bool{
    if node.Left == nil{
        return true
    }
    prevHashes := append(node.Left.Hash, node.Right.Hash...)
    hash32 := sha256.Sum256(prevHashes)
    hash := hash32[:]
    return bytes.Compare(hash, node.Hash) == 0
}
```

bytes 包提供了对字节切片操作的一系列函数，包括字节切片比较函数 Compare。Compare 函数的功能是比较字节切片的大小，当返回 0 值时代表两个切片相等。修改 PrintNode 函数，增加 check 函数的调用：

```
func PrintNode(node *MerkleNode){
    fmt.Printf("%p\n", node)
    if node != nil{
```

```
        fmt.Printf("left[%p], right[%p], data(%x),hash(%x)\n",
                   node.Left, node.Right, node.Data,node.Hash)
        fmt.Printf("check:%t\n", check(node))
    }
}
```

第7章 区块链开发实例

共识算法是区块链系统的核心机制和关键技术，旨在解决分布式系统中各节点数据一致性的问题。它的本质，其实就是一组规则，设置一组条件，筛选出具有代表性的节点，在区块链上完成新区块的添加，同时不同节点之间通过交换信息达成状态一致。而网络中可能存在恶意节点对数据进行篡改或伪造，或者通信网络也可能导致传输信息出错，从而影响节点间共识的达成，破坏分布式系统的一致性。因此区块链系统的共识算法在各方面性能上在不断改进优化。

Go 语言是区块链开发的主流语言。区块链的开发涉及算力及应用，其他高级语言虽然也能实现，但是考虑到开发的成本、性能等因素，很多区块链的项目都会选择开发成本低且性能好的 Go 语言作为首选。阿里巴巴、百度、字节跳动等公司也在逐渐使用 Go 语言来编写核心业务。

本章介绍几种基础的共识算法及实现：PBFT 算法、PoS 算法和 PoW 算法，以及区块链的搭建模拟程序。

7.1 PBFT 共识算法

共识算法是区块链系统的核心机制。共识算法的研究由来已久，以解决分布式数据库一致性问题。但这些传统的共识算法均默认节点是诚实可靠的，不能直接运用在无法保证节点诚实性的区块链网络中。拜占庭容错算法的研究使共识算法从解决分布式数据一致问题进入到解决区块链共识的全新阶段。

7.1.1 PBFT 共识算法的基本理论

1982 年，Leslie Lamport 等正式提出了"拜占庭将军问题"，并于同年提出了拜占庭容错 BFT 算法，随后 Miguel Castro 等于 1999 年提出了实用拜占庭容错算法（practical Byzantine fault tolerance，PBFT）。PBFT 算法将 BFT 算法的复杂度从指数级降到了多项式级，使之能真正地在实际中应用。

在介绍 PBFT 算法之前，先了解一下"拜占庭将军问题"。拜占庭帝国派出了 10 支军队去进攻敌人，这个敌人虽然比拜占庭帝国弱小，但也足以抵御 5 支常规拜占庭军队的同时进攻。拜占庭帝国这 10 支军队，如果单独发起进攻毫无胜算，至少要 6 支军队，也就是一半以上的兵力同时进攻才能攻下敌国。这 10 支军队分散在敌国的四周，依靠通信兵来协商进攻意向及进攻时间。困扰拜占庭帝国这些将军的问题是，不确定他们中间是否有叛徒，叛徒可能擅自变更进攻意向或进攻时间。在这种状态下，拜占庭将军们怎样才能保证有多于 6 支军队在同一时间发起进攻，从而赢得胜利呢？

在分布式系统中，特别是在区块链网络环境下，和拜占庭将军的境况类似。有运行正常的服务器节点（类似于忠诚的服务器），也有由于硬件错误、网络拥塞或中断等原因而出现故障的服务器节点，甚至还有恶意的服务器节点（类似于叛变的服务器）。共识算法的核心就是在正常的节点间形成对网络状态的共识，这是拜占庭容错技术的关键。

原始的拜占庭容错系统缺乏实用性，算法的复杂度随节点增加呈指数级增加。PBFT 算法采用了数字签名、哈希计算等密码学算法，能保证消息传递过程中的完整性和不可抵赖性。

1. 系统假设

PBFT 算法假定错误可以是任意类型的错误，比如节点作恶、说谎等，称为拜占庭类错误，以有别于 crash-down 类错误。假设在一个分布式网络中，全部节点数为 n，系统可能存在 f 个恶意的拜占庭节点，它们可能发送假消息，甚至根本不发送消息回应，只能根据收到的 $n-f$ 个消息做判断。

如果在收到 $n-f+1$ 个节点的消息后再进行处理，而这 f 个恶意的拜占庭节点全部不作回应，那共识过程根本无法继续下去。为了使共识过程正常进行，在收到 $n-f$ 个消息时，就应该进行处理。但是，在收到的 $n-f$ 个消息中，不能确定有没有拜占庭节点发过来的消息，其中最多可能存在 f 个假消息。必须保证正常的诚实节点数大于恶意的拜占庭节点数，即 $(n-f)-f>f$，从而得出 $n>3f$。PBFT 算法在满足条件 $n>3f$ 的情况下，能对消息达成共识，因此，PBFT 算法能够容忍近 1/3 的错误。

2. PBFT 算法的共识流程

在 PBFT 算法中，有一个叫视图（view）的概念。在一个视图里，包含一个主节点（primary），其他节点作为备份节点（back-ups）。视图是连续编号的整数，主节点由公式 $p = v \bmod |R|$ 计算得到，这里 v 是视图编号，p 是副本编号，$|R|$ 是副本集合的个数。

但主节点也可能会是拜占庭节点，它可能会给不同的请求编上相同的序号，或者不去分配序号，或者让相邻的序号不连续。备份节点有职责来主动检查这些序号的合法性，并能通过超时机制检测到主节点是否已经宕掉。当出现这些异常情况时，就会触发视图更换（view change）协议，切换到下一个节点担任主节点。主节点更替不需要选举过程，而是采用轮询（round-robin）方式。

主节点收到客户端（client）请求 m 后，给请求 m 分配一个序号 n，然后向所有备份节点群发预准备消息，同时将消息记录到 log 中，系统进入到共识流程（图 7-1）。预准备消息的格式为 $\langle\langle \text{PRE-PREPARE}, v, n, d\rangle, m\rangle$，这里 v 是视图编号，d 是请求消息 m 的哈希值。

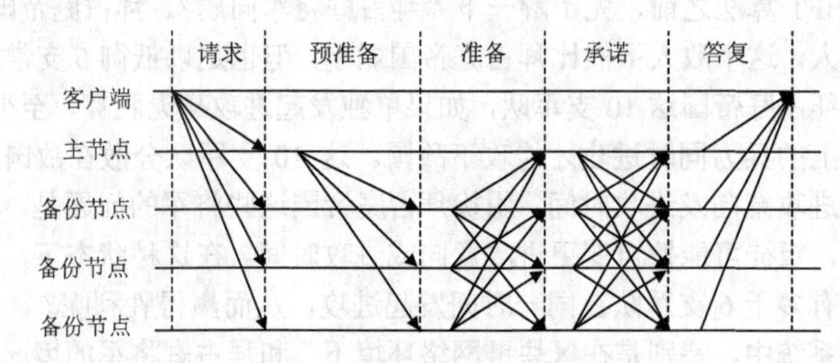

图 7-1 PBFT 算法的共识流程

共识过程由三个阶段构成：预准备（pre-prepare）、准备（prepare）和承诺（commit）。预准备阶段和准备阶段确保了在同一个视图下，正常节点对于消息 m 达成了全局一致的顺序，用 $\text{Order}\langle v, m, n\rangle$ 表示，在视图 view = v 下，正常节点都会对消息 m，确认一个序号 n。接下来在承诺阶段进行投票，再配合上视图更换机制的设计，实现了即使视图切换，也可以保证对于 m 的全局一致顺序，即 $\text{Order}\langle v+1, m, n\rangle$，视图切换到 v+1，依然会对消息 m 确认序号 n。

3. 预准备阶段

备份节点收到预准备消息 $\langle\langle \text{PRE-PREPARE}, v, n, d\rangle, m\rangle$ 后，会有两种选择：一种是接受，一种是不接受。什么时候才不接受主节点发来的预准备消息呢？一种典型的情况就是消息里的 v 和 n 在之前收到的消息里曾经出现过，但是 d 和 m 却和之前的消息不一致，或者请求编号 n 不在范围内，就会拒绝请求，因为主节点不会发送两条具有相同的 v 和 n，但 d 和 m 却不同的消息。

备份节点收到预准备消息后进行消息验证：

（1）消息 m 的签名合法性，并且消息 m 和哈希值 d 相匹配，即 d=hash(m)。

（2）节点当前处于视图 v 中。

（3）节点当前在同一个（v, n）上没有其他预准备消息，即不存在另外一个 m'和对应的 d'，d'=hash(m')。

（4）$h \leqslant n \leqslant H$，$H$ 和 h 表示序号 n 的区间范围。

4. 准备阶段

当前节点同意请求后会向其他节点发送准备消息⟨PREPARE, v, n, d, i⟩，同时将消息记录到 log 中，其中 i 表示当前节点的身份。同一时刻不是只有一个节点在进行这个过程，可能有其他节点也在进行这个过程。因此当前节点也可能收到其他节点发送的准备消息。

当前节点 i 验证这些准备消息和自己发出的准备消息的 v、n、d 是否一致。验证通过后，当前节点 i 将 prepared(m, v, n) 设置为 *true*。prepared(m, v, n)代表共识节点认为在（v, n）中针对消息 m 的准备阶段是否已经完成。在一定时间范围内，如果收到超过 $2f$ 个其他节点的准备消息，就代表准备阶段已经完成，共识节点 i 发送承诺消息⟨COMMIT, v, n, d, i⟩，系统进入承诺阶段。

5. 承诺阶段

当前节点 i 接收到 $2f$ 个来自其他共识节点的承诺消息⟨COMMIT, v, n, d, i⟩，同时将该消息插入 log 中（算上自己的共有 $2f$+1 个），验证这些承诺消息和自己发的承诺消息的 v、n、d 均一致后，共识节点将 committed-local(m, v, n)设置为 *true*。committed-local(m, v, n)代表共识节点确定消息 m 已经在整个系统中得到至少 $2f$+1 个节点的共识，这保证了至少有 f+1 个诚实（non-faulty）节点已经对消息 m 达成共识。于是节点就会执行请求，写入数据。

处理完毕后，节点会返回消息⟨REPLY, v, t, c, i, r⟩给客户端 c，这里 r 是请求操作结果。当客户端收集到 f+1 个消息后，共识过程完成。

基于 PBFT 算法，研究者提出了许多改进算法。PBFT 及其改进算法的应用场景主要在以 Hyperledger Fabric 为代表的联盟链中，联盟链取消了激励机制，采用 PBFT 算法可以避免大量算力及电力资源等的浪费。

下面介绍一个 PBFT 共识算法的模拟程序，模拟程序一共有 4 个节点，假设 N0 为主节点，N1～N3 为备份节点。

7.1.2　准备工作

1. 导入开发包

```
package main
import (
    "fmt"
"net/http"
    "io"
"os"
    )
```

fmt 包实现了格式化的输入输出；io 包提供了 io.Reader 和 io.Writer 接口，分别用于数据的输入和输出；net/http 包包含 HTTP 客户端和服务端的实现；os 包中提供了操作系统函数的接口。

2. 数据结构的定义

定义 nodeInfo 结构体，表示节点信息。

```
type nodeInfo struct {
    //节点名称
    id string
    //路径
    path string
    //服务器做出的相应
    writer http.ResponseWriter
}
```

定义全局变量 nodeTable，存放 4 个节点地址；定义全局变量 authenticationsuccess，用于标志拜占庭验证是否成功，成功为 true，失败为 false；定义全局变量，用于记录正常响应的好的节点。

```
var nodeTable = make(map[string]string
var authenticationsuccess = true
var authenticationMap = make(map[string]string)
```

7.1.3 PBFT 共识算法的 Go 语言实现

下面分别介绍 PBFT 共识流程中几个阶段的 Go 语言实现。

1. PBFT 请求阶段

新区块由主节点负责生成，这里假设从终端获取的第一个参数 N0 作为主节点，在 main 函数中选取。

```
//接收终端传来的参数
userId :=os.Args[1]//获取执行的第一个参数
```

2. PBFT 预准备阶段

主节点 N0 在预准备阶段向其他 3 个从节点广播消息“BIGC”。主节点接收到请求阶段的消息，通过 prePrepare 函数判断请求数据是否为空，非空则进行广播。

```
func (node *nodeInfo)prePrepare(writer http.ResponseWriter,
                                request *http.Request) {
                                        request.ParseForm()
                                        //若数据非空，则进行广播
if(len(request.Form["warTime"])>0){
                                        //非空，分发给其他 3 个节点
node.broadcast(request.Form["warTime"][0],"/prepare")
                                        }
                                }
```

prePrepare 函数调用了 broadcast 函数进行广播，broadcast 函数传入准备广播消息节点的路径和携带的消息，遍历全部节点（除自己外）通过 HTTP 请求广播。broadcast 函数定义如下：

```
//广播
func (node *nodeInfo)broadcast(msg string ,path string ){
        //遍历所有的节点，进行广播
        for nodeId,url:=range nodeTable {
       //判断是否为自己，若为自己，跳出当次循环
                    if nodeId == node.id {
                        continue
                    }
       //要进行分发的节点
                    //调用 Get 请求，通过 HTTP 请求广播
                       http.Get("http://"+url+path+"?warTime=
                  "+msg+"&nodeId="+node.id)
                            }
                       }
```

3. PBFT 准备阶段

其他节点收到来自 N0 的广播后进入准备阶段，并向全网广播消息“BIGC”，N1→N0、N2、N3；N2→N0、N1、N3；假设 N3 因为宕机无法广播，其他节点接收到预准备阶段 N0 广播的消息“BIGC”，通过 prepare 函数判断请求数据是否为空，非空则进行广播。

```
        func (node *nodeInfo)prepare(writer http.ResponseWriter,
                                        request *http.Request){
                                            request.ParseForm()
                                            //调用验证，数据大于 0，认为接收到
                                            if
len(request.Form["warTime"])>0{

fmt.Println(request.Form["warTime"][0])
                                            }
                                            if
len(request.Form["nodeId"])>0 {

fmt.Println(request.Form["nodeId"][0])
                                            }
            //进行拜占庭校验
                    node.authentication(request)
                    }
```

prepare 函数调用了 authentication 函数进行验证，如果一个节点收到的 2f（f 为可容忍的拜占庭节点数，在这里 f =1）个其他节点发来的消息都是和自己一样，即为消息“BIGC”，就向全网广播一条承诺（commit）消息。authentication 函数定义如下：

```
    //拜占庭校验，获得除了本节点外的其他节点数据
    func (node *nodeInfo)authentication(request *http.Request) {
            //接收参数
            request.ParseForm()
               //第一次进去
            if authenticationsuccess!=false  {
            // 运行的正常节点的判断
                        if len(request.Form["nodeId"])>0 {
                 //证明节点是 ok 的
authenticationMap[request.Form["nodeId"][0]]="ok"
                            }
                        }
                          //如果有两个节点正确返回了结果
                      if len(authenticationMap)>len(nodeTable)/3 {
                          //则拜占庭原理实现,通过 commit 反馈给浏览器
 node.broadcast(request.Form["warTime"][0],
   "/commit")
                      }
                     }
```

4. PBFT 承诺阶段

```
     func (node *nodeInfo)commit(writer http.ResponseWriter,
                                     request *http.Request){
                                              //给浏览器反馈


 io.WriteString(node.writer,"ok")
                                     }
```

7.1.4 主函数

1. 主函数的定义

```
     func main() {
             //接收终端传来的参数
             userId :=os.Args[1]//获取执行的第一个参数
             fmt.Println(userId)

             //存储 4 个节点的地址
             nodeTable = map[string]string {
                 "N0":"localhost:1111",
                 "N1":"localhost:1112",
                 "N2":"localhost:1113",
                 "N3":"localhost:1114",
             }          }
```

```
        //创建节点
    node:=nodeInfo{userId,nodeTable[userId],nil}
    fmt.Println(node)

    //http 协议的回调函数
    //http://localhost:1111/req?warTime=8888
    http.HandleFunc("/req",node.request)
    http.HandleFunc("/prePrepare",node.prePrepare)
    http.HandleFunc("/prepare",node.prepare)
    http.HandleFunc("/commit",node.commit)

    //启动服务器监听
    if err:=http.ListenAndServe(node.path,nil);err!=nil {
        fmt.Print(err)
    }
}
```

当 HTTP 服务器接收到网络请求，带/req 命令，回调此函数。

```
func (node*nodeInfo)request(
writer http.ResponseWriter,request *http.Request){
    //设置允许解析参数
    request.ParseForm()
    //如果有参数值，则继续处理
    if (len(request.Form["warTime"])>0){
        node.writer = writer
        //激活主节点后，广播给其他节点,通过Apple 向其他节点做广播
        node.broadcast(request.Form["warTime"][0],"/prePrepare")
}
```

2. 程序运行

进入项目路径后，对 main 函数所在文件 main.go 进行编译，然后依次在命令行开启 4 个节点：

```
go run main.go N0
go run main.go N1
go run main.go N2
go run main.go N3
```

开启的 4 个节点如图 7-2 所示。

在 N0 主节点被激活后，向其他 3 个节点广播消息“BIGC”，节点之间通过拜占庭校验，在浏览器中提交相应的反馈。

在浏览器输入：http://localhost:1112/req?warTime=1234，可看到 N1 节点收到了其他 3 个运行正常节点的提交信息（图 7-3），以及拜占庭校验运行过程细节（图 7-4）。

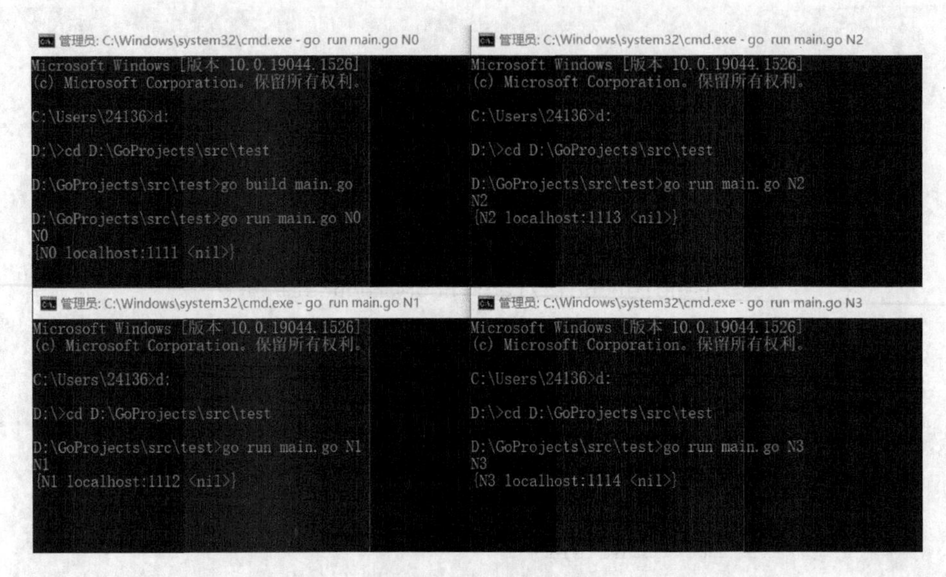

图 7-2 开启 4 个节点

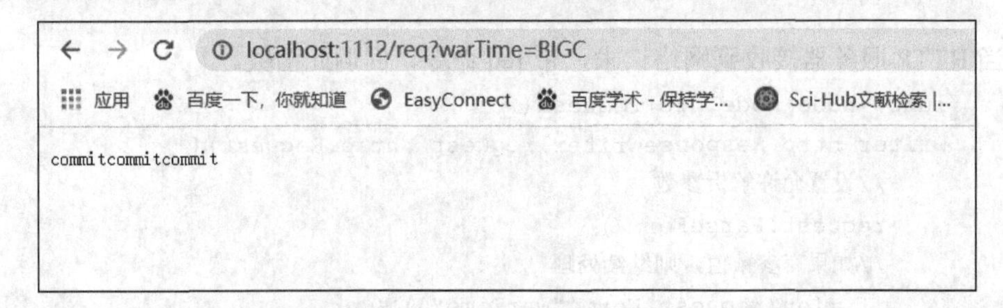

图 7-3 其他节点的提交信息

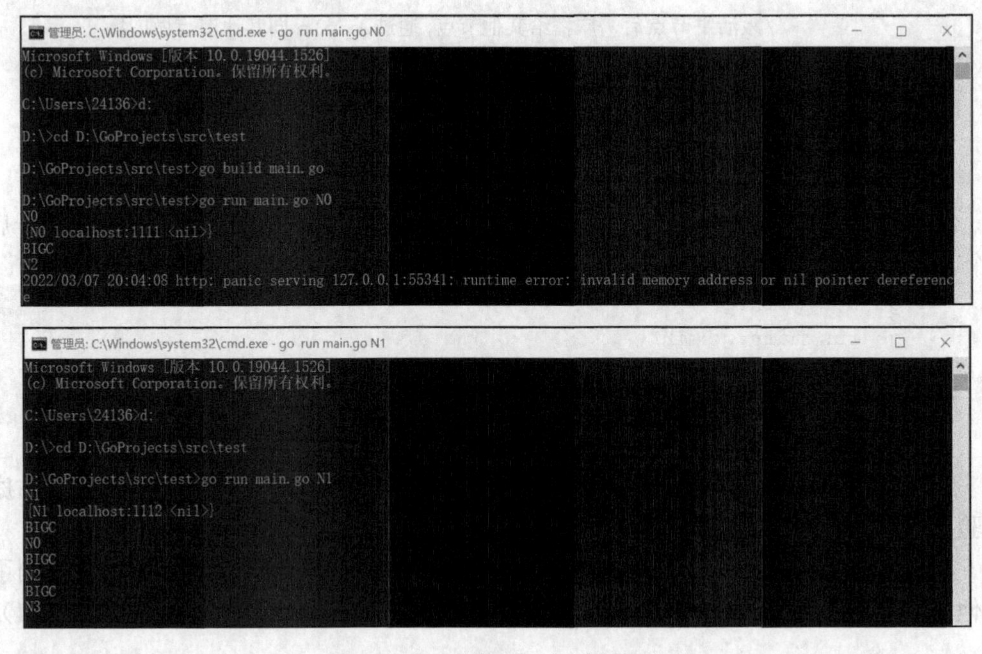

图 7-4 拜占庭校验运行过程细节

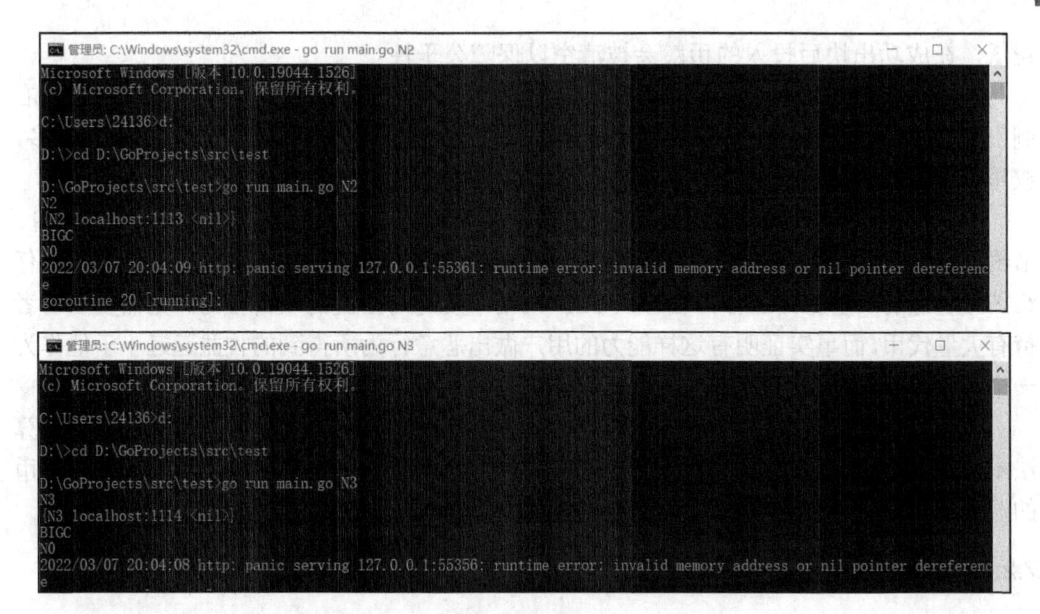

图 7-4（续）

7.2　PoS 共识算法

7.2.1　PoS 共识算法的基本理论

2012 年，点点币（Peercoin）被推出，该数字加密货币首次采用权益证明（proof of stake，PoS）机制作为全网共识机制，一定程度上缓解了 PoW 算法算力和电力资源消耗的问题。但 PoS 算法延续了 PoW 算法的竞争理念，只不过相对于 PoW 算法中 Nonce 字段的大搜索空间而言，PoS 算法将搜索空间限制在一个计算量可接受的范围。

PoS 的共识过程与 PoW 一致，唯一不同是解决的数学问题不同。PoS 算法引入了“币龄”的概念，将“币龄”作为权益，即

$$\text{Coinage} = \text{Coin} \times \text{Age} \tag{7-1}$$

式中，Coinage 是“币龄”；Coin 为持有的货币数量；Age 为货币持续持有的时间。

例如，某人在一笔交易中持有 100 个币，共持有 30 天，那么币龄为 100×30=3000。后来发现了一个 PoS 块，币龄被清空为 0.假设利率为 0.05，获得利息为 0.05×3000/365=0.41币。

通过减小搜索空间以及引入“币龄”，PoS 将数学问题设计为

$$F\,(\text{BlockHeader}|\text{TimeStamp}) < \text{Target} \times \text{Weight}$$

式中，F 为双重 SHA256 哈希运算函数；BlockHeader 为区块头数据，其中包含 TimeStamp 字段，取值范围是上一个区块时间和当前时间之间，远小于 PoW 中 Nonce 字段的搜索空间大小；Weight 为用于竞争所消耗的“币龄”权重；Target 为目标哈希值，与 PoW 中的 Target 相同。

在 PoS 网络中，前期通常会通过 PoW 机制发行一定数量的代币作为起始货币，在之后的 PoS 机制中矿工在挖矿时需要投入自己的币龄，投入的币龄越多，挖矿的难度就

越低，在成功出块后投入的币龄会被清空以保障公平性。

与 PoW 算法相比，PoS 算法的数学问题中自变量的搜索空间减小，同时不等式右侧引入“币龄”权重，对于同一目标难度 Target，在每轮竞争中所投入的“币龄”越多，权重越大，竞争中获胜的概率也越大。

PoS 将算力竞争转化为权益竞争，缩短出块时间，提高了交易的处理速度和吞吐量，节约了算力。而且权益的引入也能够防止节点发动恶意攻击，同时这促使所有节点有责任维护区块链的安全稳定运行。若想在 PoS 网络中发起对主链的攻击行为，则需要攻击者持有大量代币，而事实证明有这样能力的用户做出恶意行为所得到的收益远远小于他作为一个诚实节点所得到的收益，因此 PoS 机制通过捆绑用户切身利益来保证交易的安全。

PoS 算法虽然降低了算力资源的消耗，但没有解决中心化程度增强的问题。PoS 算法本质上还是需要通过哈希运算来竞争记账权，而且“币龄”的存在也降低了数字货币的流通性，新区块的生成趋向于权益高的节点。

7.2.2 准备工作

1. 导入开发包

```
package main
import (
    "crypto/sha256"
    "encoding/hex"
    "fmt"
    "math/rand"
    "strconv"
    "time"
)
```

crypto/sha256 包实现了 SHA224 和 SHA256 哈希算法；encoding/hex 包实现了十六进制字符表示编解码；fmt 包实现了格式化的输入输出；math/rand 包实现了伪随机数生成器；strconv 包实现了基本数据类型与其字符串表示的转换；time 包提供了时间的显示和测量用的函数。

2. 数据结构的定义

与 6.2.3 节 Block 类型的定义不同，这里采用一个 Validator 变量，用来记录生成这个区块的节点地址。而目标难度系数 Diff 和随机值 Nonce 是 PoW 算法所需要的，因此把它们删除。Block 类型重新定义为：

```
type Block struct {
    BlockNum  int                //区块标识符
    TimeStamp string             //时间戳
    PreHash string               //父区块哈希值
    HashCode string              //当前区块哈希值
    Data string                  //交易数据信息
    Validator *Node              //PoS 算法中记录挖矿节点
}
```

创建一个节点类型，里面包括节点的持币数量、持币时间、节点地址3个变量。

```
//创建全节点类型
type Node struct {
    Tokens  int                 //持币数量
    Days    int                 //持币时间
    Address string              //地址空间
}
```

定义全局数组创建5个节点并进行初始化。为了体现PoS算法持币数量越多的节点越容易出块，这5个节点的持币数量是递增的。

```
//创建5个节点
var nodes = make([]Node, 5)
```

定义全局变量addr存放节点的地址：

```
var addr = make([]*Node, 15)
```

7.2.3 PoS算法的实现

1. 节点初始化

定义InitNodes函数对5个节点进行初始化。在模拟程序中，地址空间大小是与持币数量一一对应的，也就是说，持币数量越多，其地址空间就越大，类似于分配股权。如果持币天数相同，那么持币数量越多，就能分配到更多的地址空间。在InitNodes函数中是通过一个双重循环处理的。

```
func InitNodes() {
    nodes[0] = Node{1, 1, "0x12341"}
    nodes[1] = Node{2, 1, "0x12342"}
    nodes[2] = Node{3, 1, "0x12343"}
    nodes[3] = Node{4, 1, "0x12344"}
    nodes[4] = Node{5, 1, "0x12345"}
    var addr = make([]*Node, 15)
    cnt := 0
    for i := 0; i < 5; i++ {
        for j := 0; j < nodes[i].Tokens*nodes[i].Days; j++ {
            addr[cnt] = &nodes[i]
            cnt++
     }
}
```

2. 生成创世区块

```
func genesisBlock() Block {
    var genesBlock = Block{0, "Genesis block", "", "",
                  time.Now().String(), &Node{0, 0, "dd"}}
    genesBlock.Hash = hex.EncodeToString(BlockHash(&genesBlock))
    return genesBlock
}
```

这里调用了BlockHash函数计算区块的哈希值。

```
func BlockHash(block *Block) []byte {
    record := strconv.Itoa(block.BlockNum) + block.Data
       + block.PreHash + block.Timestamp + block.Validator.Address
    h := sha256.New()
    h.Write([]byte(record))
    hashed := h.Sum(nil)
    return hashed
}
```

3. 生成新区块

通过 PoS 算法计算出哪个节点进行新区块的添加。具体是通过随机种子产生 0～15 的随机值，选出该随机值指定的节点地址。由于持币数量多的节点，可分配到更多的地址空间，因此被随机选中的概率就会大一些。选出的节点可得到一定的代币奖励。

```
//采用 PoS 共识算法进行挖矿
func CreateNewBlock(oldBlock *Block, data string) Block {
    var newBlock Block
    newBlock.BlockNum = oldBlock.BlockNum + 1
    newBlock.Timestamp = time.Now().String()
    newBlock.PreHash = oldBlock.HashCode
    newBlock.Data = data

    //通过 PoS 计算由哪个挖矿
    //设置随机种子
    rand.Seed(time.Now().Unix())
    //[0,15)产生 0-15 的随机值
    var rd = rand.Intn(15)

    //选出挖矿的节点
    node := addr[rd]
    //设置当前区块挖矿地址为矿工
    newBlock.Validator = node
    //简单模拟挖矿所得奖励
    node.Tokens += 1
    newBlock.HashCode = hex.EncodeToString(calculateHash (&newBlock))
    return newBlock
}
```

7.2.4 主函数

```
func main() {
    InitNodes()

    //创建创世区块
    var genesisBlock = genesisBlock()
    //生成新区块
    var newBlock = CreateNewBlock(&genesisBlock, "new block")
```

```
        //打印新区块信息
        fmt.Println(newBlock)
        fmt.Println(newBlock.Validator.Address)
        fmt.Println(newBlock.Validator.Tokens)
}
```

图 7-5 是用 PoS 共识机制所创建的新区块。

```
E:/Go/bin/go.exe run main.go [D:/GoProjects/src/Pos]
1
new block
461002d19c7ca20198b86afcd186117d28bdb91b2561cc5af47bb6018f762859
fe8c93d283dd898f6e550c06f364a3df029245fb0ff08cea774eeaef0d937642
2022-02-28 11:22:37.7261796 +0800 CST m=+0.017031001
0x12345
6
成功: 进程退出代码 0.
```

图 7-5　PoS 创建的新区块

7.3　PoW 共识算法

本节介绍 PoW 算法，以及如何利用 PoW 算法完成区块链的搭建。如前所述，PoW 共识机制，即由随机数计算出不同的哈希值，以寻找小于目标难度系数的哈希值，通过竞争获得记账权。

7.3.1　PoW 共识算法的基本原理

1993 年，辛提亚・沃克（Cynthia Dwork）和摩尼・纳欧尔（Moni Naor）首先提出了工作量证明 PoW 的概念。1997 年 Adam Back 设计了 Hashcash 系统，用于预防邮件系统中漫天遍地的垃圾邮件。要屏蔽垃圾邮件，核心的想法就是发送邮件要经过一段时间的处理，也就是说有一定的工作量，例如，运行一小段垃圾程序，人为造成一小段时间的延迟。正常邮件几乎不受影响，但垃圾邮件由于发送量大，发送的速度就大大降低。

2008 年，中本聪在比特币白皮书中宣布在比特币中使用 PoW 机制来决定节点的记账权。在比特币中，每产生 2016 个比特币就会调整挖矿难度，使出块时间维持在 10min 左右。因此，要向区块链中添加新的区块，即获得记账权，节点必须执行一些难题，以保证区块链的安全性和一致性。同时，系统也会为该工作支付一定的报酬，这也就是人们能够通过挖矿来获得比特币的原因。

1. 数学难题

在 PoW 算法中，通过设置数学难题来提高添加新区块的难度，要求原始信息经过哈希运算之后的结果必须以若干个 0 开头，0 越多难度越高，可以设置一个目标难度系数 Target，Target 通常是前面为连续若干个 0 的十六进制整数。为了满足 Target 的这个条件，在进行哈希运算时引入了一个随机数变量 Nonce，根据哈希函数的特点，对原始信息的微小改动，都会对哈希值产生影响，因此在计算哈希值时，不断改变随机数 Nonce 的值，总可以找到一个以若干个 0 开头的哈希值。例如，目标难度 Target 要求哈希值的前 4 位必须为 0，Hash(前一个区块的哈希值，交易记录集，Nonce) = 0000aFD635BCD 就能满足条件。

网络中只有最快计算出数学难题的节点，即率先找到随机数的节点，才能获得此次添加新区块的权力，而其他的节点只能进行复制，这样就保证了整个账本的唯一性。为了保证区块链的出块速度能维持在 10min 左右，比特币区块链每出现 2016 个区块（大约 14 天）就会对目标难度系数 Target 进行调整，调整公式如下：

$$\text{Target}=\text{Target}_{\text{pre}}*(\text{time(act)}/\text{time(exp)}) \tag{7-2}$$

式中，$\text{Target}_{\text{pre}}$ 表示当前的目标难度值；time(act)表示产生前 2016 个区块总共花费的时间；time(exp)表示产生 2016 个区块所期望的时间（2016*10min）。SHA256 算法的防强碰撞特性使得矿工几乎只能通过大量的运算来争夺记账权。

在比特币区块链中，首先把所有交易打包生成 Merkle 树，计算 Merkle 根的哈希值，然后组装区块头。随机数 Nonce 值的变动会影响整个区块头的哈希值，挖矿节点尝试不同的 Nonce 值（通常从 0 开始每次加 1）。挖矿的难度主要在于通过双重 SHA256 计算来找到一个小于挖矿难度系数 Target 的哈希值。节点先将区块头中的 Nonce 值置为 0，再将 Nonce 值和区块头中的其他数据作为输入进行双重 SHA256 计算，若计算结果比 Target 小则合格，否则将 Nonce 值递增 1 继续计算，直到找到合适的 Nonce 值。此过程即为 PoW 算法的共识过程。

2. 新区块验证

找到这个随机数 Nonce 后，节点将随机数 Nonce 记录到区块上，并广播这个区块，其他节点收到这个区块后，只需要执行一次哈希运算就可以验证这个区块是否符合难度要求。一旦符合要求，其他节点放弃竞争该块，转而进行下一块的争夺。如果全网 51% 以上的节点都接收了这个区块，全网便达成共识。找出这个随机数的矿工，将获得比特币奖励。

假如节点有任何的作弊行为，都不能通过网络其他节点对新区块的验证，这样会直接丢弃该区块而无法记录到区块链中。在巨大的挖矿成本下，也使得矿工自觉遵守比特币系统的共识协议，这样就确保了整个系统的安全。

3. 最长链法则

一般情况下，包括最多区块的那条链称为主链，每个节点总是选择并尝试延长主链。但在实际过程中往往会出现多个节点在几乎相同的时间内，各自都计算出了满足 Target 条件的哈希值，并将自己生成的新区块先是传播给邻近节点而后传播到整个网络中，每个收到有效新区块的节点都会将其并入并延长区块链。

这几个区块在传播时几乎包含相同的交易，都可以作为主链的延伸，此时就会分叉出有竞争关系的几条链，如图 7-6 所示。

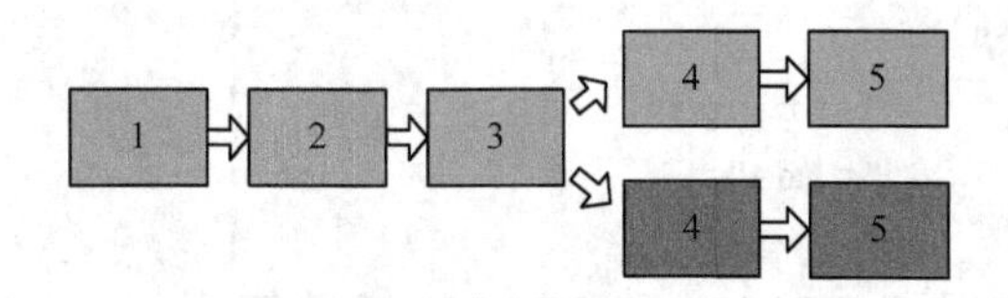

图 7-6　区块链分叉的情况

但是，总有一条链会抢先发现新的工作量证明解并将其传播出去，此时原本以其他链求解的节点在接收到这样一条更长链时，就会抛弃它当前的链，把新的更长的链全部复制回来，在这条链的基础上继续挖矿。当所有节点都这样操作后，这条链就成为主链，分叉出来被抛弃掉的链就消失了，如图 7-7 所示。

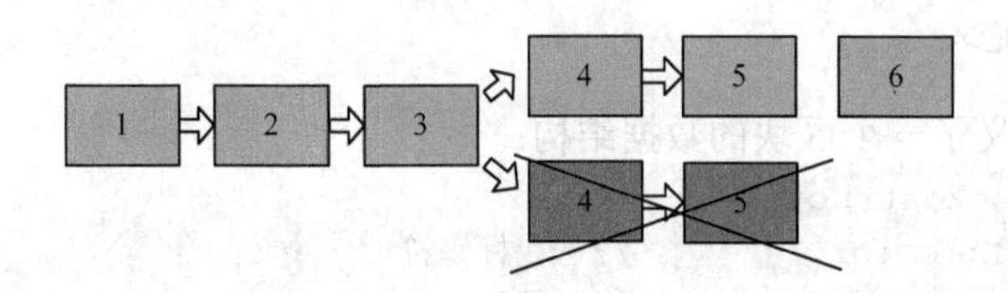

图 7-7　区块链主链的形成

区块产生的时间间隔缩短会使交易确认更快完成，也导致了区块链更加频繁分叉。而较长的时间间隔可以减少分叉，却会导致确认时间的延长。比特币在更快速的交易确认和更低的分叉概率之间做出了一个折中的选择，将区块生成的时间间隔设计为 10 分钟。

PoW 机制的引入将记账权分配给全网所有节点，节点通过竞争算力来获得记账权。获得记账权的节点会被给予一定的数字货币作为贡献算力等资源的奖励，这有助于实现区块链的去中心化，若有人想要篡改区块链数据则需要拥有超过全网 51%的算力，这是很难实现的，因此保证了交易的安全性。

但 PoW 算法也浪费了大量的算力与电力资源，尤其是专门的矿机的出现，导致问题日益严重。随着矿机算力的快速增强，算力几乎集中在各大矿池，这与区块链去中心化的初衷相违背。

7.3.2　准备工作

1. 导入开发包

在区块链的编程中，需要用到哈希函数的计算、数据类型之间的转换等功能，因此，在程序开头要导入一些 Go 语言开发包。

```
package main
import (
    "crypto/sha256"
    "encoding/hex"
    "encoding/json"
    "fmt"
    "io"
    "net/http"
```

```
    "strconv"
                    "strings"
                    "time"
)
```

crypto/sha256 包实现了 SHA224 和 SHA256 哈希算法；encoding/hex 包实现了十六进制字符表示编解码；在处理网络编程时，json 格式的数据方便在网络上传输；fmt 包实现了格式化的输入输出；io 包提供了 io.Reader 和 io.Writer 接口，分别用于数据的输入和输出；net/http 包包含 HTTP 客户端和服务端的实现；strconv 包实现了基本数据类型与其字符串表示的转换；strings 包主要涉及字符串的基本操作；time 包提供了时间的显示和测量用的函数。

2. 数据结构定义

在 6.2.3 节定义了一个区块的数据结构：

```
type Block struct {
  BlockNum  int          //区块标识符
  TimeStamp string       //时间戳
  PreHash string         //父区块哈希值
  HashCode string        //当前区块哈希值
  Data string            //交易数据信息
  Diff  int              //目标难度系数
  Nonce  int             //随机数
}
```

在此基础上，定义一个区块链结构。在 Go 语言中可以使用数组、映射等结构来实现。数组可以保证元素的顺序，映射能够实现哈希到区块的映射，因为在构建的模拟程序中，区块链不需要通过哈希来找到区块，所以用数组来定义区块链结构以保证区块的顺序，将所有区块连接起来。

```
// 定义一个全局的结构表示区块链
type BlockChain struct {
   Block []*Block
}
```

定义一个全局的区块链对象 blockchain。

```
// 定义一个全局的区块链对象
var blockchain *BlockChain
```

另外，设置全局常量的目标难度系数 difficulty。

```
//设置难度系数
const difficulty = 3
```

这里定义 difficulty =3 是指计算出来的十六进制哈希值前 3 位必须是 0。3 是任意设定的一个目标难度系数值，小于 64 即可，difficulty 值可以根据实际情况进行调整。但是在 difficulty 值设定时一般要与计算出的哈希值保持足够的差异性，差异性越大，找到一个满足要求的哈希值难度也越大。

为简化程序，这里不考虑交易数据的情况，即不对 Merkle 树进行处理。

7.3.3 PoW算法的实现

1. 生成创世区块

定义CreateGenesisBlock函数，生成创世区块。calculateHash函数在例6-2中定义。

```
// 生成创世区块
func CreateGenesisBlock() Block{
    block := Block{}                                     //创建区块
    block.BlockNum= 0                                    //区块高度
    block.HashCode = ""                                  //区块哈希值
    block.Nonce = 0                                      //随机数
    block.Diff = difficulty                              //目标难度系数
    block.TimeStamp= time.Now().String()                 //时间戳
    block.PreviousHash =""                               //父区块哈希值
    block.HashCode = calculateHash(block)                //当前区块哈希值
    return CreateNewBlock(block, "Genesis Block")        //返回创世区块
}
```

图7-8是一个创世区块的实例。

```
{
    "BlockNum": 0,
    "TimeStamp": "2022-02-15 19:49:45.5233938 +0800 CST m=+0.007000401",
    "PreviousHash": "",
    "HashCode": "000b8aed97c522ce205528ba7462cc124414fa79427ab55e0c6a3ac47b76ee46",
    "Data": "Genesis Block",
    "Diff": 3,
    "Nonce": 1198
},
```

图7-8 创世区块实例

2. 创建一条区块链

定义函数CreateNewBlockChain，创建一条新的包含创世区块的区块链。

```
func CreateNewBlockChain() *BlockChain {
    //创建创世区块
    genesisBlock := CreateGenesisBlock()
    // 用全局区块链对象生成一个空区块链
    blockChain := BlockChain{}
    // 将创世区块添加到区块链
    blockChain.AppendBlock(&genesisBlock)
    // 返回包含创世区块的区块链
    return &blockChain
}
```

3. 生成新区块

定义一个pow函数，该函数主要是实现了PoW算法，通过不断改变区块中的随机数的值来计算满足目标难度系数所要求的前导零个数，如果满足目标难度系数前导零的个数则说明挖矿成功，可将新区块添加至区块链中。

另外，在pow函数中，对新区块的字段进行了定义，如新区块的高度BlockNum是

父区块高度加 1，以及时间戳 TimeStamp、父区块哈希值 PreHash 、新区块哈希值 HashCode 等字段的计算和赋值。

```
func pow(oldBlock Block, data string) Block {
    var newBlock Block    //声明新区块
    newBlock.BlockNum = oldBlock.BlockNum + 1
    newBlock.TimeStamp = time.Now().String()
    newBlock.PreHash = oldBlock.HashCode
    newBlock.HashCode = calculateHash(newBlock)
    newBlock.Data = data
    newBlock.Diff = difficulty
    //不断改变随机数进行挖矿
    for i :=0; ; i++ {
      newBlock.Nonce++   //每挖一次，Nonce 加 1
      hash := calculateHash(newBlock)
      fmt.Println(hash)
      //判断前导零
      if isHashValid(hash, newBlock.Diff) {
          //哈希值满足目标难度系数的要求
          fmt.Println("挖矿成功")
          //新的区块的哈希值 HashCode 就等于这个挖矿成功的 hash
          newBlock.HashCode = hash
          //将新的区块返回
          return newBlock
      }
    }
}
```

在 pow 函数中调用了 calculateHash 函数和 isHashValid 函数。其中 calculateHash 函数用来计算区块的哈希值，使用的是 SHA512 算法，该函数在第 6 章例 6-2 已做介绍，这里不再赘述。

isHashValid 函数主要是用来判断计算的哈希值是否满足目标难度的要求，即前导零的个数是否满足要求。

```
// 根据目标难度系数去验证计算的哈希值是否满足要求
func isHashValid(hash string,diff int)bool{
      //是否满足目标难度系数 difficuty 的前导零 0 的个数
       prefix :=strings.Repeat("0",diff)
       //判断 hash 值是否是 prefix 前缀，是则返回 true 否则 false
       return strings.HasPrefix(hash,prefix)
  }
```

4. 把新区块添加到区块链上

当一个节点从网络接收一个新区块时，为了把这个新区块链到区块链上，节点会检查传入的区块头，并寻找该区块的父区块哈希值。

假设一个区块链的本地副本有 3 个区块，最后一个区块为第 3 个区块，而且它的区块头哈希值为：

```
0009d04159f065adfcb69f0ed8e7f1c9a3a08d564225175cfd23893df789718a
```

该节点从网络上接收到一个新区块，新区块的数据结构如图7-9所示。

```
"BlockNum": 3,
"TimeStamp": "2022-02-15 19:53:19.1646134 +0800 CST m=+213.648220001",
"PreviousHash": "0009d04159f065adfcb69f0ed8e7f1c9a3a08d564225175cfd23893df789718a",
"HashCode": "000be2d58b434386e3da5ccc5223d210afc70bb5b3ced98aa2d9468dc9573244",
"Data": "bigc2",
"Diff": 3,
"Nonce": 223
```

图7-9　新区块实例

节点会在新区块（图7-9）的字段PreviousHash里找出其父区块哈希值，这是第4块区块的哈希值。这个区块是区块链的最后一个区块，因此节点会将新区块添加至区块链的尾部，区块链的高度为3。

定义函数AppendBlock，将生成的新区块Block添加到区块链Blockchain的尾部。

```
func (Blockchain *BlockChain) AppendBlock(Block *Block){
  //判断当前区块是否已经添加至区块链中
  if len(Blockchain.Block) == 0 {
    Blockchain.Block = append(Blockchain.Block, Block)
    return
  }
  //判断区块的合法性
  if isValid(*Block, *Blockchain.Block[len(Blockchain.Block) - 1]) {
    //将区块真正添加到链上
    Blockchain.Block = append(Blockchain.Block, Block)
    return
  } else {
    //若该区块不合法，则打印无效区块日志
    log.Fatal("Invalid Block.")
  }
}
```

AppendBlock函数调用isValid函数，用来检验要加入的新区块是否符合要求。将区块链高度BlockNum、父区块哈希值PreviousHash以及新区块哈希值HashCode和重新计算出来的对应值相比较，若验证通过则返回true值，表示将可信区块添加到区块链上。

```
func isValid(newBlock Block, oldBlock Block) bool
  if newBlock.BlockNum - 1 != oldBlock.BlockNum {
    return false
  }
  if newBlock.PreviousHash != oldBlock.HashCode {
    return false
  }
  if calculateHash(newBlock) != newBlock.HashCode{
    return false
  }
  return true
}
```

7.3.4 主函数的定义

主函数 main 通过函数 run 启动，进行区块链的操作。

```
func main() {
    blockchain = CreateNewBlockChain()
    run()           //启动函数
}
```

1. 启动函数

启动函数 run 通过 HTTP 协议调用 RPC（remote procedure call，远程过程调用）命令，实现区块的添加。这里实现了两个命令：get 和 write。

```
func run() {
  //实现 get 命令和 write 命令
  http.HandleFunc("/blockchain/get", blockchainGetHandle)
  http.HandleFunc("/blockchain/write", blockchainWriteHandle)
  //在服务器的 8080 端口监听，这里在本机 127.0.0.1 模拟，IP 地址可修改
  http.ListenAndServe("127.0.0.1:8000", nil)
}
```

2. get 请求

定义函数 blockchainGetHandle，处理 get 请求。

```
// 查看区块链信息
func blockchainGetHandle(w http.ResponseWriter, r *http.Request){
  //转 JSON
  bytes, err := json.Marshal(blockchain)
  if err != nil {
     //服务器错误
     http.Error(w, err.Error(), http.StatusInternalServerError)
     return
  }
  //bytes 转为 string
  io.WriteString(w, string(bytes))
}
```

3. write 请求

定义函数 blockchainWriteHandle，处理 write 请求。

```
// 写入区块链数据
func blockchainWriteHandle(w http.ResponseWriter, r *http.Request){
  blockData := r.URL.Query().Get("data")
  blockchain.SetData(blockData)
  blockchainGetHandle(w, r)
}
```

blockchainWriteHandle 函数通过调用 SetData 函数，给区块链的新区块赋值 data。

SetData 函数的定义如下：

```
func (bc *BlockChain) SetData(data string){
   //父区块等于当前区块链的高度减 1
   preBlock := bc.Block[len(bc.Block) - 1]
   //调用创建新区块函数
   currentBlock := pow(*preBlock, data)
   //调用添加区块函数
   bc.AppendBlock(&currentBlock)
}
```

整个区块链程序搭建完成后，本模拟程序便可运行。将 HTTP 的服务器端口设置为 8080，当程序启动后，通过浏览器访问 http://localhost:8080/blockchain/get 即可获取当前的区块链数据，访问 http://localhost:8080/blockchain/write 可以进行新增区块。同时可以通过软件 postman 获取或发送数据。

图 7-10 是在 difficult=3 条件下的运行实例。


```
{
    "BlockNum": 0,
    "TimeStamp": "2022-02-15 19:49:45.5233938 +0800 CST m=+0.007000401",
    "PreviousHash": "",
    "HashCode": "000b8aed97c522ce205528ba7462cc124414fa79427ab55e0c6a3ac47b76ee46",
    "Data": "Genesis Block",
    "Diff": 3,
    "Nonce": 1198
},
{
    "BlockNum": 1,
    "TimeStamp": "2022-02-15 19:52:56.8593376 +0800 CST m=+191.342944201",
    "PreviousHash": "000b8aed97c522ce205528ba7462cc124414fa79427ab55e0c6a3ac47b76ee46",
    "HashCode": "00003023e27a0859c0cad6894599031d1c178152d231825a8150de485a46c7ac",
    "Data": "bigc",
    "Diff": 3,
    "Nonce": 327
},
{
    "BlockNum": 2,
    "TimeStamp": "2022-02-15 19:53:05.870853 +0800 CST m=+200.354459601",
    "PreviousHash": "00003023e27a0859c0cad6894599031d1c178152d231825a8150de485a46c7ac",
    "HashCode": "0009d04159f065adfcb69f0ed8e7f1c9a3a08d564225175cfd23893df789718a",
    "Data": "bigc1",
    "Diff": 3,
    "Nonce": 662
},
{
    "BlockNum": 3,
    "TimeStamp": "2022-02-15 19:53:19.1646134 +0800 CST m=+213.648220001",
    "PreviousHash": "0009d04159f065adfcb69f0ed8e7f1c9a3a08d564225175cfd23893df789718a",
    "HashCode": "000be2d58b434386e3da5ccc5223d210afc70bb5b3ced98aa2d9468dc9573244",
    "Data": "bigc2",
    "Diff": 3,
    "Nonce": 223
```


图 7-10　区块链实例图

参 考 文 献

高野，2021．Go 语言区块链应用开发：从入门到精通[M]．北京：北京大学出版社．

郭上铜，王瑞锦，张凤荔，2021．区块链技术原理与应用综述[J]．计算机科学，48(2)：271-281．

李晓钧，2019．深入学习 Go 语言[M]．北京：机械工业出版社．

邵奇峰，金澈清，张召，等，2018．区块链技术：架构及进展[J]．计算机学报，41(5)：969-988．

徐波，2020．Go 语言从入门到进阶实战[M]．北京：机械工业出版社．

袁勇，王飞跃，2016．区块链技术发展现状与展望[J]．自动化学报，42(4)：481-494．

袁勇，倪晓春，曾帅，等，2018．区块链共识算法的发展现状与展望[J]．自动化学报，44(11)：2011-2022．

左书祺，2021．Go 语言设计与实现[M]．北京：人民邮电出版社．

DONOVAN A A A, KERNIGHAN B W，2021．Go 程序设计语言[M]．李道兵，等译．北京：机械工业出版社．

KENNEDY W，2017．Go 语言实战[M]．李兆海，译．北京：人民邮电出版社．